AF377780

La nouveauté du travail, pour la typographie du Pays, a fait glisser dans les Tableaux plusieurs erreurs qui sont indiquées à l'Errata.

Un malentendu du Lithographe est cause que les densités ne sont pas marquées, dans les Cartes, par les couleurs les plus foncées, selon le système généralement adopté par les Statisticiens, pour éviter toute méprise, il faut consulter l'Indication à gauche de chaque carte.

ESSAI

DE

STATISTIQUE GÉNÉRALE

DE L'ÉGYPTE

ESSAI

DE

STATISTIQUE GÉNÉRALE

DE L'ÉGYPTE

ANNÉES 1873, 1874, 1875, 1876, 1877.

PREMIER VOLUME

LE CAIRE,

TYPOGRAPHIE DE L'ÉTAT-MAJOR GÉNÉRAL ÉGYPTIEN

1879.

A SON EXCELLENCE

RIAZ-PACHA,

MINISTRE DE L'INTÉRIEUR

MONSIEUR LE MINISTRE,

Suivant les ordres que Votre Excellence a bien voulu me donner, je me fais un devoir de lui présenter les résultats des travaux que le Bureau de Statistique a fait paraître en résumé dans le " *Moniteur Égyptien*," travaux auxquels ont été joints quelques autres détails, ainsi que la Statistique Agricole, pour pouvoir être publiés en brochure.

J'ai divisé l'ouvrage en chapitres, en faisant précéder les tableaux de quelques explications, dans le but de leur donner plus de clarté et d'en rendre l'examen plus facile, afin que les personnes qui ne voudraient pas consulter en détail tous les chiffres, par la lecture du texte entier, pussent se former une idée suffisamment nette du sujet.

Ce livre contient, en abrégé, les informations que j'ai jugées les plus intéressantes et que j'ai extraites du matériel statitique existant dans le Bureau après les avoir coordonnées.

Le but que je me suis proposé en rédigeant cet ouvrage a été de donner au pays un aperçu général, le plus véridique possible, de sa situation actuelle, et de fournir au gouvernement des informations qui lui seront, je l'espère, de quelque utilité en lui permettant de voir sur quel point il doit plus spécialement diriger son attention.

Si cette publication ne réussit pas à satisfaire entièrement le côté scientifique, ce n'est pas à ma bonne volonté qu'il faudra s'en prendre, car j'ai dû seulement me servir des matériaux qu'il m'a été possible de réunir.

Je me suis étendu un peu plus sur la statistique agricole, qui intéresse au plus haut degré le pays, car c'est véritablement de l'agriculture que dépend principalement sa fortune à venir. C'est pour cette raison que j'ai fait accompagner ces tableaux de notes et de cartes géographiques indiquant les densités et les rapports d'un article tant à la superficie de terrains cultivables qu'à la population, en m'appuyant, pour les chiffres de celle-ci, sur les études que j'ai pu faire d'après les données officielles qui m'ont été fournies par les soins de l'Intendance Générale Sanitaire.

J'ai l'espoir que surtout cette partie du travail, par la manière dont elle a été traitée obtiendra l'approbation de Votre Excellence qui, avec l'empressement qu'Elle met à tout ce qui peut aider à la marche et au développement du progrès de l'Egypte, a bien voulu gracieusement me permettre la présente publication.

J'ai cru devoir diviser l'ouvrage en six parties qui sont:

1° Population et mouvement de l'état civil (1re partie);

2° Immigration et émigration;

3° Commerce extérieur;

4° Navigation internationale et de cabotage :

5° Mouvement postal :

6° Statistique agricole (1re partie).

En rappelant à Votre Excellence que les données que j'ai pu me procurer proviennent toutes de diverses administrations, je dois lui faire respectueusement observer que ces données, par suite du manque d'une organisation statistique dans le pays, ne pouvaient nécessairement pas avoir une régularité uniforme ni un accord parfait dans leur conception. On les rédigeait et on les détaillait selon la volonté particulière des diverses autorités, qui étaient loin d'être d'accord à ce sujet : de sorte que tous les chiffres ne pouvaient présenter cette exactitude de contrôle que nous obtiendrons avec le temps, lorsque ce Bureau aura l'honneur de proposer à Votre Excellence de fournir à toutes les administrations les instructions accompagnées des tableaux uniformes, selon les prescriptions de la science et les dispositions des congrès internationaux de statistique, et lorsque ces études seront entrées dans les habitudes du pays.

Cependant, notre statistique agricole a cet avantage sur les autres en ce sens que lors de l'administration de son Excellence Ragheb Pacha, ministre du commerce, des tableaux conformes à remplir furent transmis à toutes les Moudiriehs et retournés à ce Bureau contenant des chiffres fournis par les Cheiks des villages. Elle a donc une base qui m'a permis d'établir un contrôle à l'aide duquel j'ai été à même d'obtenir une assez grande uniformité dans l'ensemble de cette partie de l'ouvrage.

Il est à regretter que je ne puisse joindre à cette publication une seconde partie de cette statistique agricole, celle qui, non moins importante, pourrait nous indiquer dans les plus minutieux détails toutes les récoltes, par villages, districts et provinces, de tous les articles de production agricole, ainsi que la quantité des produits vendus ou exportés et de ceux consommés dans le pays.

Les matériaux pour cela ont commencé à nous venir des Moudiriehs, et si l'inondation qui a frappé le pays nous permet de les compléter, nous en ferons le sujet d'un second volume qui comprendra, en même temps, la seconde partie du mouvement de l'état-civil, ainsi que les statistiques de l'Instruction publique, des Travaux publics, des Chemins de fer, des Télégraphes, de la Justice, etc.

Nos informations statistiques se bornent à l'Egypte proprement dite et aux deux gouvernorats de Souakin et de Massawah, que nous avons indiqués dans quelques-uns des états ; en améliorant notre service, nous ne mentionnerons plus dans la statistique de l'Egypte proprement dite, ces deux gouvernorats qui font partie des nouvelles provinces annexées.

Comme il pourra souvent se présenter l'occasion de parler de feddans et de piastres égyptiennes, j'ai pensé qu'il ne serait pas sans utilité de faire rappeler que 1 feddan équivaut à 4200 mèt. car. 8333 , — et que la piastre égyptienne est égale à francs 0,259, bien que dans tous les calculs je me sois servi pour l'évaluer du rapport de la pièce de 20 francs qui est de piastres égyptiennes : 77,15.

J'ai l'honneur d'être, Monsieur le Ministre,

de Votre Excellence,

Le très-obéissant et très-dévoué serviteur.

Le Chef du Bureau Central de Statistique.

F. AMICI.

Le Caire, le 10 Décembre 1878.

I.

POPULATION.

I.

POPULATION

ET

MOUVEMENT DE L'ÉTAT-CIVIL

(Première Partie.)

L'Egypte se divise administrativement en Gouvernorats (Mohafzas) (¹) et en Provinces (Moudiriehs).

Les Moudiriehs se subdivisent en *Markazes* ou *Kesms* (districts) et ceux-ci, à leur tour, en villages.

Les dénominations de *Nahieh, Kafr, Ezba, Nazleh, Mit*, etc, ne sont qu'autant de subdivisions ou d'interprétations qu'on donne à chaque village.

Au point de vue géographique, l'Egypte proprement dite comprend la Basse, la Moyenne et la Haute-Egypte (²).

(¹) Nous donnons ici, en note, le singulier et le pluriel de quelques noms arabes, pour bien faire connaître leur véritable interprétation. Dans le texte, nous continuerons cependant à suivre le même système des divers auteurs qui ont écrit jusqu'à ce jour sur l'Egypte et qui ont donné le pluriel français au singulier des mots arabes.

Singulier.	Pluriel.	Singulier.	Pluriel.
Mohafza.	Mohafzât.	Ezba.	Ezab.
Moudirieh.	Moudiriât.	Nazleh.	Nouzal.
Markaz.	Marakez.	Miniet (Mit).	Miniât.
Kesm.	Aksâm.	Mohafiz.	Mohafzoun.
Nahieh.	Nawahhi.	Moudir.	Moudirioun.
Kafr.	Nefour.		

(²) Administrativement parlant, l'Egypte se divise en Basse et Haute-Egypte. — La Basse-Egypte comprend les provinces de *Béhéra*, — *Calioubieh*. — *Cherkieh*, — *Menoufieh*, — *Gharbieh*, — *Dakahlieh*.

La Haute-Egypte comprend les provinces de *Ghizeh*, — *Beni-Souef*, — *Fayoum*, — *Minia* et *Beni-mazar*, — *Assiout*, — *Ghirgha*, — *Kena*, — *Esna*.

Il y a neuf Gouvernorats et les deux que nous avons indiqués à l'introduction ; ce sont :

Le Caire (¹), *Alexandrie, Rosette, Damiette, Port-Saïd, El-Arich, Ismaïlia, Suez, Kosseir ; — Massaouah et Souakin.*

Les Moudiriehs de la Basse-Egypte sont au nombre de sept, savoir:

Béhéra, Ghizeh, Calioubieh, Charkieh, Menoufieh, Gharbieh, Dakahlieh.

Trois pour la Moyenne-Egypte :

Béni-Souef, Fayoum et Minia.

Quatre pour la haute-Egypte :

Assiout, Ghirga, Kéna, Esna.

Les Gouvernorats sont les villes régies par des Gouverneurs (Mohafiz), et les Moudiriehs sont administrées par des Préfets (Moudirs). Tous deux relèvent directement du Ministère de l'Intérieur.

La superficie géographique du territoire égyptien proprement dit, selon les calculs de l'Etat-Major Général qui nous la donne comme approximative, les limites des deux côtés Ouest et Sud-Ouest du désert n'ayant jamais été fixées, est évaluée par le Lieutenant-Colonel Sadek-Bey à kilomètres carrés : 1.021.354.

Il est très difficile d'établir quelle superficie nous pourrons adopter comme terme de comparaison dans nos calculs. Nous ne pouvons nullement nous servir du chiffre comprenant les déserts qui nous environnent, qui ne nous donnerait pas un rapport exact, surtout pour ce qui est des pays sur lesquels nous voulons prendre exemple, car ils ne se trouvent pas dans ces mêmes conditions. D'autre part, l'étendue du territoire arpenté (²) prise seulement comme base de comparaison, nous donnerait des chiffres d'une grande supériorité sur les autres pays. Aussi, tiendrons-nous distincts ces deux bases et leurs rapports respectifs, nous servant de chacun en son lieu et place.

L'Intendance Générale Sanitaire qui seule, jusqu'à présent, s'est occupée du mouvement de la population de l'Egypte, nous a fourni récemment un relevé de la population du pays.

D'après ce travail, un recensement général de l'Egypte a été fait sous le règne du grand Mohamed-Aly, à la date du 1ᵉʳ Moharrem 1263 (16 *Décembre* 1846). Depuis cette époque, aucune autre opération de ce genre n'a été accomplie.

(¹) Nous avions déjà mis sous presse lorsqu'un décret du Gouvernement a supprimé le Gouvernorat du Caire en répartissant les divers services de cette ville entre le Ministère de l'Intérieur, celui des Travaux Publics et la Préfecture.

(²) Ce territoire comprend les terrains dits " *Cadastrés* " quoique, à vrai dire, il n'existe pas de cadastre proprement dit. Il serait plus juste de dire " *terrains arpentés* " ou " *encore terrains mesurés* ". Les terrains cadastrés embrassent les terrains cultivés et ceux non cultivés se trouvant entre les terres d'un village à un autre, et servant aux communications et à la délimitation des possessions.

Chacun reconnaît la nécessité de renouveler le dénombrement des habitants d'un État au moins tous les dix ans, si on veut que les chiffres aient toujours l'importance qu'ils doivent avoir. Le Bureau de la Statistique n'étant établi que depuis peu n'a pas encore pu proposer au Gouvernement une telle opération.

Dans nos travaux, nous devons cependant, bien malgré nous, accepter ce recensement comme point de départ de nos calculs, puisque c'est la seule base officielle qui nous soit donnée, et faire ressortir, grâce à elle, comme cela est du reste pratiqué dans tous les Bureaux de Statistique, la population annuelle calculée d'une période à l'autre d'un recensement.

C'est donc à l'aide des travaux de l'Intendance Générale Sanitaire qui, depuis l'époque susdite de 1846, a tenu compte des naissances et des décès, que nous avons pu dresser le tableau de la page suivante:

Tableau I.

Naissances et Décès. (de 1263 a 1294)

Tableau I.

Années	Naissances	Décès	Excédants Naissances	Excédants Décès	Années	Naissances	Décès	Excédants Naissances	Excédants Décès
1263	42955	36529	6426	....	1279	179634	118548	61086	......
*1264	41676	107169	......	65493	1280	173820	170283	3537	......
1265	47859	53931	......	6072	1281	165772	131152	34620	......
*1266	57840	61257	......	3417	*1282	181122	174270	6852	......
1267	81304	82215	......	911	1283	184437	118178	66259	......
1268	98895	84374	14521	....	1284	183335	121882	61453	......
1269	98344	83587	14757	....	1285	195224	115663	79561	......
1270	98976	99720	......	744	1286	186264	131765	54499	......
1271	104194	123883	......	19689	1287	184389	127275	57114	......
1272	138309	93449	44860	....	1288	177678	133639	44039	......
1273	128138	107936	20202	....	1289	197452	128166	69286	......
1274	161702	99392	62310	....	1290	184742	133720	51022	......
1275	159345	100750	58595	....	1291	177732	144924	32808	......
1276	163353	131968	31385	....	1292	182820	119912	62908	......
1277	171552	113292	58260	....	**1293 / 1876	186367	132008	54679	......
1278	176209	112100	64809	....	1294 / 1877	173529	138668	34861	......

Les données indiquées ci-dessus sont fournies chaque année par les délégués sanitaires qui se trouvent dispersés dans chaque village, et ceux qui sont placés dans les Mohafzas (Gouvernorats) et les Moudiriehs (Provinces); si elles ne nous présentent pas les résultats exacts qu'on obtient au moyen d'un recensement régulièrement fait par des bureaux de l'état-civil répartis dans les provinces et les districts, néanmoins, on peut les regarder comme se rapprochant de la vérité, et partant, nous pouvons, sans crainte les prendre comme base de nos appréciations.

* Dans ces années éclata le choléra.

** A partir du 1er Janvier 1876 (15 Zilhegge 1292), les états sont dressés selon le Calendrier Grégorien, et, dans nos calculs des années précédentes, il a été tenu compte de la différence de jours entre l'ère musulmane et l'ère chrétienne.

On peut toutefois accepter les chiffres de la mortalité comme exacts, parce qu'il est interdit par les règlements sanitaires en vigueur en Egypte d'enterrer sans avoir préalablement obtenu la permission du Bureau Sanitaire qui est obligé d'enregistrer le décès.

Les naissances, au contraire, présenteront des lacunes par la négligence des fellahs à les déclarer ; mais le nombre en est insignifiant et, d'autre part, cette petite diminution serait contraire à l'augmentation de la population, augmentation qui se constate de même, quoique combattue par plusieurs écrivains ; du reste, nous verrons qu'elle n'est que régulière et suit l'échelle progressive qu'on remarque dans les autres pays.

En résumant les chiffres indiqués dans le tableau, on obtient pour la période 1263 1294 (1846-1877) un total en naissances de..4.685.988

et en décès de..3.631.605

ce qui montre un excédant de naissances sur les décès pour ces 32 années, de...1.054.383

La population indigène était au 16 Décembre 1846 de.......................4.463.244 ([1])

avec l'augmentation ci-dessus de.......................................1.054.383

elle est montée au 31 Décembre 1878 à...............................5.517.627 ([2])

Voyons comment cette population se décompose par Gouvernorats et Moudiriehs et par sexe.

Au lieu de prendre comme notre point de départ le 1er Moharrem 1263, nous commencerons l'étude de ces détails à partir du 1er Moharrem 1289 (11 *Mars* 1872), époque à laquelle s'arrête la première statistique officielle publiée par les soins de M. de Regny-Bey.

([1]). La population de l'Egypte proprement dite était répartie de la manière suivante à la date du 1er Moharrem 1263 (16 Décembre 1846) :

VILLES.	HABITANTS.	VILLES.	HABITANTS.
Le Caire	256679	Gharbieh	572817
Alexandrie	164359	Dakahlich	311566
Rosette	18300	Benif-Souef	95402
Damiette	37089	Fayoum	143389
El - Arich	2000	Minia	280791
Suez	4160	Assiout	401064
Behera	191665	Ghirga	347055
Ghiseh	223550	Kena	} 415876
Calioubich	158799	Esna	
Charkich	391559		
Menoufich	440066	TOTAL	4463244

([2]). Ce chiffre se réduit pour l'Egypte proprement dite à 5.510.283, la différence de 7344 constituant la population de Massawah et celle de Souakin, comme nous le ferons voir plus loin.

POPULATION DE L'EGYPTE PAR GOUVERNORATS ET PROVINCES.

Tableau II.

MOHAFZAS ET MOUDIRIEHS	Population Égyptienne au 1er Moharrem 1289 (11 Mars 1872) — Sexe masculin	Sexe féminin	Ensemble	Naissances (1er Moharrem 1289 au 26 Zilhegge 1294 / 31 Décembre 1877) — Sexe masculin	Naissances — Sexe féminin	Décès — Sexe masculin	Décès — Sexe féminin	Excédant des naissances sur les décès — Sexe masc.	Sexe fémin.	Excédant des décès sur les naissances — Sexe masc.	Sexe fémin.	Population au 31 Décembre 1877 — Sexe masculin	Sexe féminin	Ensemble
Villes.														
Caire	164679	166084	330763	52092	49885	54064	51214	—	—	1972	1823	[illegible]	[illegible]	[illegible]
Alexandrie	80269	84449	164718	28675	27058	29294	21735	—	2553	1219	—	[illegible]	[illegible]	[illegible]
Rosette	7185	7807	14992	2225	[illegible]	1857	1440	509	683	—	—	[illegible]	[illegible]	[illegible]
Damiette	14622	14711	29333	5871	5114	4511	[illegible]	—	—	—	—	[illegible]	[illegible]	[illegible]
Port-Saïd	2314	2147	4461	[illegible]	[illegible]	[illegible]	[illegible]	1257	2010	—	—	[illegible]	[illegible]	[illegible]
El Arich	1403	881	2284	[illegible]	[illegible]	[illegible]	[illegible]	—	—	509	9	[illegible]	[illegible]	[illegible]
Isma'la	1145	807	1952	441	[illegible]	274	273	169	113	—	—	[illegible]	[illegible]	[illegible]
Suez	5221	5877	11098	[illegible]	1585	1856	1380	—	—	93	—	[illegible]	[illegible]	[illegible]
Souakin	1845	2233	4078	645	[illegible]	457	597	211	254	157	—	[illegible]	[illegible]	[illegible]
Massawah	1509	842	2351	547	[illegible]	258	146	280	104	—	—	[illegible]	[illegible]	[illegible]
Totaux des Gouvernorats	280192	285838	566030	92835	88831	94367	84265	2564	3841	4045	1328	273711	289104	562815
PROVINCES.														
Basse-Egypte.														
Béhéra	106047	115509	221556	25746	22794	17293	14203	8418	8586			114385	129905	[illegible]
Ghiseh	124008	129737	253745	27512	24241	19394	16052	8118	8200			132156	135615	270072
Calioubieh	94839	98125	192964	24397	22500	17791	16390	6806	5840			101415	108635	207880
Charbieh	196580	204707	401287	36357	34729	30113	24770	6224	3057			212884	211045	[illegible]
Menoutieh	219869	231135	451004	63086	52809	45363	43046	17783	15763			231652	248568	[illegible]
Gharbieh	310903	318860	629763	88905	81838	64011	57516	24834	24322			337767	353182	678079
Dakahlieh	244978	255546	500524	58789	54764	42828	39205	15361	15459			288339	271015	531954
Totaux de la Basse-Egypte	1297224	1353619	2650843	324772	296675	236738	211557	88034	85118	—	—	1387253	1408737	2823905

Moyenne-Egypte.

Beni-Souef	60479	65032	125511	13890	11330	6059	3734	7741	7583	--	--	68220	72628	140848
Fayoum	78552	81511	160063	16145	14819	9957	7415	6188	7404	--	--	84740	88915	173655
Minia	163951	163645	327596	15635	11670	9874	6111	5751	5259	--	--	163712	188904	338613
Totaux de la Moyenne-Egypte	302982	310188	613170	45580	37819	25890	17560	19690	20259	--	--	322672	330447	655119

Haute-Egypte.

Assiout	214599	218512	433111	38494	32126	23553	18709	15141	13427	--	--	229740	231939	461679
Ghirga	191889	186348	378237	37583	32224	18104	12071	19479	20153	--	--	211368	206501	417869
Kena	152637	145647	297684	22854	19093	16996	12378	5858	6715	--	--	157895	152362	310257
Esna	133976	137236	271212	18203	15801	12584	11029	5619	4762	--	--	139595	141998	281593
Totaux de la Haute-Egypte	692501	687743	1380244	117134	99254	71037	54197	46097	45057	--	--	738598	732800	1471398

RÉCAPITULATION.

VILLES	280192	285858	566030	92886	88831	94367	84265	2564	5904	4045	1338	278711	290404	569115
BASSE-EGYPTE	1297224	1353619	2650843	324772	296675	236738	211557	88034	85118	--	--	1385258	1438737	2823995
MOYENNE-EGYPTE	302982	310188	612170	45580	37819	25890	17560	19690	20259	--	--	322672	330447	653119
HAUTE-EGYPTE	692501	687743	1380244	117134	99254	71037	54197	46097	45057	--	--	738598	732800	1471398
Totaux généraux	2572899	2687388	5210287	580872	522579	428082	367579	156285	156338	4045	1338	2725239	2792388	5517627

Si au chiffre total de 5.517.627, on ajoute celui des étrangers établis dans le pays, dont nous n'aurons le nombre exact qu'à la fin de cette année, mais que nous pouvons fixer, par des données approximatives, à 85,000, la population totale de l'Egypte était au 31 Décembre 1877 de 5.602.627 habitants.

Voulant établir le rapport de la densité de la population de l'Egypte à celle des pays d'Europe, et prenant pour base la superficie cadastrée, c'est-à-dire de feddans 5.760.087 équivalant à kilomètres carrés 24.197, la densité de la population en Egypte serait de 228 habitants par kilomètre carré.

Mais si ce calcul était fait en prenant la superficie géographique, nous aurions alors 5,4 habitants par kilomètre carré.

Voici la densité des populations européennes par kilomètre carré.

DENSITÉ DES POPULATIONS EUROPÉENNES.

Tableau III.

PAYS	POPULATION	SUPERFICIE Géografique en kil. carrés	HABITANTS par kil. carrés
Autriche - Hongrie	36990714	624045	59, 2
Bavière	5062125	75863	66, 7
Belgique	5336185	29455	181, 1
Danemark	1899700	38236	49, 6
Empire d'Allemagne	43279279	540630	80, -
Espagne	16728589	494916	33, 8
France	36905788	528577	69, 8
Grèce	1487462	50123	29, 6
Hollande	3864456	32840	117, 9
Italie	27769475	296323	90, 3
Portugal	4298881	89625	47. 9
Royaume-uni de Grande Bretagne et d'Irlande	33093439	314951	105, -
Russie d'Europe	78267901	4753909	16, 4
Suède et Norvège	6269713	722846	8, 6
Suisse	2759854	41401	66, 6

Bien que les moyens dont nous puissions disposer soient assez faibles, cependant de ces quelques données que nous venons d'indiquer, nous sommes à même de tirer certaines observations de statistique qui pourront intéresser les personnes s'occupant activement de l'amélioration du pays, au point de vue de l'hygiène et de la physiologie.

Les observations que nous allons présenter sont, il est vrai, incomplètes ; elles serviront néanmoins à démontrer combien il est nécessaire et important que tous les moyens et éléments qui nous sont indispensables nous soient donnés pour continuer et achever notre œuvre.

NAISSANCES.

Dans les tableaux ci-dessus, nous avons vu que le nombre total des naissances dans ces six dernières années a été de 1.102.951 ; nous avons par conséquent une moyenne annuelle de 183.825 naissances.

Désirant faire quelques comparaisons, nous nous arrêterons aux années 1875 et 1876, n'ayant pas pour les Etats d'Europe des données plus étendues et plus récentes.

Le tableau suivant comprend le nombre total des naissances, en Egypte comme dans d'autres pays principaux, distinction faite des deux sexes.

Tableau IV

Naissances par Sexes.

Tableau IV.

PAYS	1875		1876	
	S. masculin.	S. féminin	S. masculin	S. féminin
Egypte (¹)	99355	89559	97990	88697
Angleterre et Pays de Galles	434225	416382	452278	435690
Autriche Cislétaine	433216	409087	439661	413775
Bavière	107364	101649	111008	104274
Belgique	89757	85795	90439	46176
Danemark	30619	29430	31673	30115
Empire d'Allemagne	886800	837612	902316	855385
Finlande	35695	33814	35885	34873
France	487281	463694	494518	472364
Hollande	71329	67140	72943	69267
Hongrie	313626	294814	. . . .	. . . .
Italie	533511	501866	558308	525413
Prusse	533323	502398	540317	521753
Roumanie	89592	80979	86589	77958
Serbie	32353	30713	. . . .	. . . .
Suède	69695	66263	69753	66132
Suisse	44637	42942	46744	44042

(¹) Le chiffre des naissances de 1875 ne correspond pas à celui du tableau de la page 6 parce que nous avons considéré ici l'année Grégorienne qui, étant plus longue que l'année Musulmane, nous donne une différence en plus.

Voyons maintenant le rapport des sexes dans les naissances.

GARÇONS PAR 100 FILLES.

Tableau V.

PAYS	1875	1876	PAYS	1875	1876
Egypte	111	110	Hollande	106	105
Angleterre et Pays de Galles	104	104	Hongrie	105	....
Autriche Cislétaine	105	105	Italie	107	105
Bavière	106	106	Prusse	106	106
Belgique	104	104	Roumanie	110	111
Danemark	105	105	Serbie	105	....
Empire d'Allemagne	106	105	Suède	105	105
Finlande	106	103	Suisse	104	106
France	105	105			

Nous ne sommes pas en mesure de donner le chiffre de la fécondité humaine en Egypte, c'est-à-dire le nombre total des enfants nés vivants et des mort-nés, par rapport à la totalité de la population.

Exception faite de quelques villes principales, telles que le Caire, Alexandrie, Damiette, Suez, etc., pour lesquelles, par des tableaux que l'Intendance Générale Sanitaire nous a remis, on a des informations suffisamment étendues sur cette partie de l'état-civil, dans les districts et dans les villages les données sont tellement incomplètes que nous avons dû les négliger dans nos calculs généraux. L'appendice qui suivra ce chapitre en fera pourtant mention (¹).

(¹) Nous avions déjà complété l'étude de cet ouvrage, lorsque de l'intendance Générale Sanitaire nous sont parvenus d'autres informations et détails intéressants que, dans le temps, nous avions demandés à cette administration. Vu leur importance, nous les indiquerons dans la seconde partie de ce chapitre que nous publierons dans le deuxième volume.

Nous pouvons cependant évaluer le rapport des naissances par 100 habitants entre la population de l'Egypte et celle des autres pays.

Ce rapport est le suivant :

NAISSANCES PAR 100 HABITANTS.

Tableau VI.

PAYS	1875	1876	PAYS	1875	1876
Egypte	3,45	3,39	Hollande	3,63	3,68
Angleterre et Pays de Galles	3,55	3,66	Hongrie	4,49	..
Autriche Cislétaine	3,94	3,95	Irlande	2,61	2,64
Bavière	4,16	4,25	Italie	3,79	3,90
Belgique	3,25	3,31	Norvège	3,11	3.18
Danemark	3,18	3,25	Prusse	4,03	4,09
Ecosse	3,56	3,59	Roumanie	3,41	3,29
Empire d'Allemagne	4,04	4,06	Serbie	4,59	..
Finlande	3,63	3,64	Suède	3,12	3,08
France	2,60	2,62	Suisse	3,19	3,29

DÉCÈS.

Le nombre total des décès pour les six dernières années a été de 797.398 ; nous avons eu, par conséquent, une moyenne annuelle de 132.899 morts.

Le minimum de la mortalité a été de 119.912 dans l'année 1875, tandis que le maximum a été, en 1874, de 144.924.

En tenant compte de la différence de l'année musulmane à l'année grégorienne et en appliquant à chacune d'elles ses chiffres respectifs, nous voyons que les listes de mortalité pour les deux années 1875 et 1876 sont représentées par les chiffres 123.909 et 132.008 ([1]).

Le tableau ci-dessous indique la mortalité par chaque sexe, établie comparativement à celle des autres pays.

DÉCÈS PAR SEXES.

Tableau VII.

PAYS	1875		1876	
	S. masculin	S. féminin	S. masculin	S. féminin
Egypte	67428	56480	71255	60753
Angleterre et Pays de Galles	282202	264251	265076	245239
Autriche Cislétaine	330061	304027	331533	302830
Bavière	81950	75734	80591	73558
Belgique	63828	58652	60861	55926
Danemark	20069	19354	19107	18258
Empire d'Allemagne	613090	559303	596310	537317
Finlande	22056	21384	21579	20572
France	434292	410770	433836	400238
Hollande	49541	47293	46383	43804
Hongrie	262273	238728	. . . .	. . . .
Italie	431756	411405	409796	386634
Prusse	356860	320942	349009	310528
Roumanie	74955	65754	67569	58288
Serbie	22373	20636	. . . .	. . . .
Suède	45260	43179	43930	42404
Suisse	34211	31902	35120	31699

([1]) Le chiffre de 123.909 n'est pas le même que celui du tableau de la page 6 parce qu'ici nous n'avons pas envisagé l'année musulmane, mais bien l'année grégorienne qui a 12 jours de plus. Quant au chiffre de 132.008, il n'a pas changé, car, dans ce même tableau de la page 6 que nous a fourni l'Intendance Sanitaire, celle-ci avait déjà réduit le chiffre de l'année musulmane à celui de l'année grégorienne (Voir la note de la page 6).

Le rapport des deux sexes dans les décès est le suivant :

HOMMES PAR 100 FEMMES.

Tableau VIII

PAYS	1875	1876	PAYS	1875	1876
Égypte	119	117	Hollande	105	106
Angleterre et Pays de Galles	107	108	Hongrie	110	....
Autriche Cislétaine	109	109	Italie	105	106
Bavière	108	110	Prusse	111	112
Belgique	109	109	Roumanie	111	117
Danemark	104	105	Serbie	108	....
Empire d'Allemagne	111	112	Suède	105	104
Finlande	103	105	Suisse	107	111
France	105	108			

Si nous prenons la moyenne de la période des six années que nous examinons, soit le chiffre de 132.899, le taux relatif de la mortalité est de 2,41 par 100 habitants ou de 1 décès par 41,51 habitants.

Mais si nous nous bornons à prendre les deux années 1875 et 1876, la moyenne change et, comme nous le montre le tableau qui suit, ce rapport de 2,41 est réduit à 2,25 et 2,39, chiffres qui nous serviront de terme de comparaison entre le taux de mortalité de l'Égypte et celui des États Européens.

Tableau IX

DÉCÈS PAR 100 HABITANTS.

Tableau IX.

PAYS	1875	1876	PAYS	1875	1876
Egypte	2,25	2,39	Hollande	2,54	2,35
Angleterre et Pays de Galles	2,28	2,10	Hongrie	3,69	....
Autriche Cislétaine	2,96	2,94	Irlande	1,85	1,73
Bavière	3,14	3,05	Italie	3,07	2,87
Belgique	2,27	2,19	Norvège	1,88	1,89
Danemark	2,10	1,97	Prusse	2,63	2,56
Ecosse	2,34	2,10	Roumanie	2,81	2,52
Empire d'Allemagne	2,74	2,62	Serbie	3,13	....
Finlande	2,27	2.17	Suède	2,03	1,95
France	2,32	2,26	Suisse	2,40	2,42

En écrivant ces pages, nous comprenons la nécessité qu'il y aurait à faire des études plus complètes que le peu que nous avons indiqué sur la population et le mouvement de l'état-civil en Egypte.

Les mariages considérés selon les diverses combinaisons de l'état-civil des époux, tels que ceux contractés entre garçons et filles, garçons et veuves, veufs et filles, veufs et veuves, divorcées et garçons, divorcées et veufs, divorcés et divorcées ; les mariages distingués suivant l'âge, la religion et la profession des époux ; les mariages suivant les mois de l'année et ceux entre consanguins ; les naissances légitimes et illégitimes ; les naissances et les décès par mois ; les accouchements multiples ; les mort-nés ; les décès par âges ([1]) ; la longévité ; les mois de mortalité minima et maxima ; les morts violentes considérées sous tous leurs aspects, etc. etc.; tous ces renseignements seraient précieux pour la statistique ([2]).

([1]) L'Intendance Générale Sanitaire nous a fourni un grand nombre de tableaux indiquant les décès par âges et par sexes et par mois ; mais ces données se bornent aux villes des Gouvernorats et aux chefs-lieux des Provinces. Comme elles ne peuvent suffire à faire une étude étendue sur la totalité de l'Egypte, nous les avons résumées en appendice à ce chapitre pour l'intérêt particulier qu'elles présentent à l'égard du pays.

([2]) Voir la note de la page 13.

Mais l'organisation de notre bureau se trouvant encore à son début, les difficultés à surmonter sont telles que, contre notre gré, nous devons nous limiter au peu qu'il est en notre pouvoir d'offrir, tout en ayant la pensée de l'augmenter dans l'avenir.

Nous allons terminer ces brèves indications sur la population de l'Egypte en présentant un nouveau tableau indiquant l'augmentation moyenne géométrique rapportée à cent de la population.

MOYENNE DE L'AUGMENTATION ANNUELLE GÉOMÉTRIQUE
DANS LES PRINCIPAUX ETATS D'EUROPE, RAPPORTÉE A 100 DE LA POPULATION.

Tableau X.

PAYS	PÉRIODE d'années	Augmentation annuelle	PÉRIODE d'années	Augmentation annuelle
Egypte	1846 1861	0, 44	1861 1876	0, 92
Autriche Cislétaine	1830 1860	0, 47	1860 1876	0, 78
Bavière	1818 1861	0, 55	1861 1876	0, 48
Belgique	1831 1860	0, 76	1860 1876	0, 75
Danemark	1801 1860	0, 93	1860 1876	1, 01
Espagne	1800 1860	0, 66	1860 1870	0, 60
France	1800 1860	0, 48	1860 1876	0, 07
Grande Bretagne et Irlande	1801 ... 1861	0, 98	1861 1876	0, 75
Grèce	1838 1861	1, 58	1861 1873	2, 37
Hollande	1795 1860	0, 71	1860 1876	0, 87
Hongrie	1830 1860	0, 27	1860 1875	0, 51
Italie	1800 ... 1861	0, 61	1861 1876	0, 70
Norvège	1801 1860	1. 02	1860 1876	0, 79
Portugal	1801 1861	0, 39	1861 1874	1, 17
Roumanie	1834 1859	1, 84	1859 1875	1, 34
Russie d'Europe	1850 1860	1, 45	1860 1870	0, 84
Saxe	1820 ... 1861	1, 41	1861 ... 1875	1, 55
Suède	1801 1860	0, 85	1860 1876	0, 81
Suisse	1837 1860	0, 59	1860 1873	0, 60

Par le tableau ci-dessus, on peut voir que l'augmentation de la population de l'Egypte ne présente rien d'extraordinaire.

Le chiffre moyen de l'augmentation dans la dernière période se trouve entre les chiffres de l'Autriche, de la Norvège, de la Suède, de la Russie et de la Hollande qui lui sont de peu inférieurs et ceux du Danemark, du Portugal, de la Roumanie, de la Saxe et de la Grèce qui lui sont supérieurs.

Jusqu'à preuve contraire, obtenue au moyen d'un recensement nouveau et régulier, il n'est plus à douter que l'accroissement que nous venons de constater dans l'effectif de la population de l'Egypte ne soit excessif et en dehors de la proportion de celles des pays d'Europe. Cela est si vrai que, si nous prenons comme base la moyenne de l'augmentation des populations dans la dernière période, il faudrait à l'Egypte près de 108 ans pour doubler le chiffre de ses habitants, tandis qu'il ne serait nécessaire qu'un temps bien moins long au Danemark (99) ; au Portugal (85) ; à la Roumanie (74) ; à la Saxe (64); et à la Grèce (42).

APPENDICE

A LA POPULATION.

S'il est bon qu'un pays se rende compte, au moyen de travaux statistiques, de la marche ascendante qu'il opère dans la voie du progrès, afin que la connaissance des forces et des ressources qui lui sont propres, lui servant de stimulant, le maintienne en bonne voie et l'encourage à améliorer sa situation ; il doit aussi, par ces mêmes études statistiques, dont c'est un des principaux devoirs de les indiquer, chercher à connaître les maux qui l'affligent, afin que la société, le Gouvernement et la science puissent lui porter les remèdes nécessaires à les faire disparaître.

C'est cette raison qui nous a engagés, dans le cercle que nous trace la statistique, à traiter un sujet qui a été l'objet de nombreuses observations de la part de savants éminents : nous voulons parler du rapport de la mortalité des enfants à celui de la mortalité générale en Egypte.

Bien que les données que nous possédions ne s'étendent pas au pays tout entier, elles présentent néanmoins un intérêt assez grand pour mériter une mention spéciale.

Le tableau ci-après donne, pour l'année 1877, la mortalité par âges dans les principaux centres des Gouvernorats et des Moudiriehs.

DÉCÉDÉS EN 1877

D'APRÈS LES DISTINCTIONS DE L'AGE ET DU SEXE.

Tableau XI.

AGE au moment du décès	CAIRE			ALEXANDRIE			ROSETTE		
	SEXE		Total	SEXE		Total	SEXE		Total
	mascul.	féminin.		mascul.	féminin.		masc.	fémin.	
Au-dessous de 3 mois	919	830	1749	778	584	1362	42	25	67
de 3 à 6 ,,	686	615	1301	332	272	604	13	11	24
,, 6 ,, 9 ,,	1192	1063	2255	326	332	658	15	18	33
,, 9 ,, 1 an.	1090	1037	2127	270	285	555	12	15	27
,, 1 an à 2 ans.	617	553	1170	717	653	1370	26	43	69
,, 2 ,, 3 ,,	351	309	660	283	302	585	16	20	36
,, 3 ,, 4 ,,	220	212	432	144	153	297	9	9	18
,, 4 ,, 5 ,,	164	163	327	69	56	125	7	8	15
,, 5 ,, 6 ,,	138	163	301	39	37	76	3	2	5
,, 6 ,, 7 ,,	124	122	246	33	23	56	2	-	2
,, 7 ,, 8 ,,	99	116	215	27	19	46	2	2	4
,, 8 ,, 9 ,,	118	115	233	20	20	40	2	2	4
,, 9 ,, 10 ,,	226	240	466	18	11	29	4	5	9
,, 10 ,, 15 ,,	301	291	592	98	83	181	11	8	19
,, 15 ,, 20 ,,	802	353	1155	84	87	171	11	10	21
,, 20 ,, 25 ,,	557	406	963	120	104	224	12	6	18
,, 25 ,, 30 ,,	280	208	488	150	131	281	33	9	42
,, 30 ,, 35 ,,	285	298	583	182	141	323	18	11	29
,, 35 ,, 40 ,,	185	183	368	155	62	217	4	2	6
,, 40 ,, 45 ,,	223	197	420	176	112	288	15	7	22
,, 45 ,, 50 ,,	141	118	259	117	49	166	2	1	3
,, 50 ,, 55 ,,	205	227	432	171	88	259	11	9	20
,, 55 ,, 60 ,,	173	157	330	60	8	68	3	4	7
,, 60 ,, 65 ,,	219	253	472	149	101	250	7	-	7
,, 65 ,, 70 ,,	121	142	263	66	29	95	3	2	5
,, 70 ,, 75 ,,	152	225	377	171	119	290	15	20	35
,, 75 ,, 80 ,,	104	113	217	20	22	42	2	1	3
,, 80 ,, 85 ,,	109	170	279	105	119	224	12	19	31
,, 85 ,, 90 ,,	50	72	122	10	12	22	3	1	4
,, 90 ,, 95 ,,	21	26	47	83	81	164	11	9	20
,, 95 ,, 100 ,,	7	16	23	10	15	25	1	--	1
,, 100 ,, 105 ,,	1	2	3	10	13	23	--	6	6
Au-dessus de 105	----	----	----	4	2	6	1	--	1
Age-inconnu	3	1	4	2	5	7	2	--	2
Totaux	9883	8996	18879	4999	4130	9129	330	285	615

DÉCÉDÉS EN 1877

D'APRÈS LES DISTINCTIONS DE L'AGE ET DU SEXE (Suite).

Tableau XI.

AGE au moment du décès	DAMIETTE mascul.	féminin.	Total	PORT-SAID mascul.	féminin.	Total	EL-ARICH masc.	fémin.	Total
Au-dessous de 3 mois	64	61	125	21	15	36	6	8	14
de 3 à 6 „	47	40	87	29	20	49	3	..	3
„ 6 „ 9 „	47	43	90	22	25	47	4	5	9
„ 9 „ 1 an	24	23	47	13	10	23	1	1	2
„ 1 an à 2 ans	118	134	252	43	51	94	2	4	6
„ 2 „ 3 „	98	78	176	37	37	74	3	7	10
„ 3 „ 4 „	45	44	89	20	19	39	2	5	7
„ 4 „ 5 „	22	13	35	6	9	15	2	..	2
„ 5 „ 6 „	20	21	41	6	6	12	1	1	2
„ 6 „ 7 „	16	9	25	1	6	7	1	1	2
„ 7 „ 8 „	3	7	10	4	1	5	1	2	3
„ 8 „ 9 „	7	5	12	2	..	2	..	..	..
„ 9 „ 10 „	3	3	6	2	..	2	..	..	..
„ 10 „ 15 „	15	11	26	2	6	8	..	..	..
„ 15 „ 20 „	13	9	22	3	4	7	..	1	1
„ 20 „ 25 „	8	3	11	7	3	10	1	..	1
„ 25 „ 30 „	66	2	68	22	2	24	1	1	2
„ 30 „ 35 „	24	12	36	23	5	28	..	1	1
„ 35 „ 40 „	10	4	14	21	4	25	2	..	2
„ 40 „ 45 „	22	14	36	12	3	15	3	3	6
„ 45 „ 50 „	4	5	9	4	1	5	1	..	1
„ 50 „ 55 „	24	10	34	4	1	5	1	..	1
„ 55 „ 60 „	7	1	8	8	3	11	1	..	1
„ 60 „ 65 „	34	12	46	7	4	11	2	..	2
„ 65 „ 70 „	2	2	4	3	1	4	..	..	..
„ 70 „ 75 „	29	14	43	7	4	11	3	2	5
„ 75 „ 80 „	2	2	4	5	1	6	..	..	..
„ 80 „ 85 „	24	37	61	3	3	6	2	1	3
„ 85 „ 90 „	3	2	5	..	..	..	2	1	3
„ 90 „ 95 „	25	42	67	1	1	2	2	1	3
„ 95 „ 100 „	3	3	6	..	..	..	..	1	1
„ 100 „ 105 „	7	9	16	..	..	..	1	..	1
Au-dessus de 105	1	2	3	..	..	..	..	1	1
Age inconnu	..	..	..	..	..	..	..	..	..
Totaux	837	677	1514	398	245	583	48	47	95

Tableau XI.

AGE au moment du décès	ISMAILIA mascul.	fémin.	Total	SUEZ mascul.	fémin.	Total	SOUAKIN mascul.	fémin.	Total	MASSAWAH mascul.	fémin.	Total
Au-dessous de 3 mois	8	4	12	19	14	33	..	1	1	2	3	5
de 3 à 6 „	5	3	8	19	13	32	..	..	..	..	1	1
„ 6 „ 9 „	11	9	20	19	13	32	..	..	..	1	1	2
„ 9 „ 1 an	8	2	10	6	11	17	..	..	..	..	..	..
„ 1 an à 2 ans	15	13	28	32	37	69	4	2	6	5	..	5
„ 2 „ 3 „	4	6	10	14	19	33	2	2	4	..	3	3
„ 3 „ 4 „	5	4	9	10	14	24	..	1	1	4	2	6
„ 4 „ 5 „	6	6	12	2	3	5	1	..	1	..	1	1
„ 5 „ 6 „	1	1	2	1	..	1	1	1	2	..	1	1
„ 6 „ 7 „	..	1	1	..	1	1	1	..	1	1	..	1
„ 7 „ 8 „	2	1	3	2	2	4	..	1	1	..	..	..
„ 8 „ 9 „	..	2	2	..	3	3	1	..	1	..	..	..
„ 9 „ 10 „	..	..	..	2	..	2	..	..	..	..	..	..
„ 10 „ 15 „	3	1	4	10	2	12	2	2	4	3	..	3
„ 15 „ 20 „	3	2	5	9	2	11	3	4	7	..	..	..
„ 20 „ 25 „	8	1	9	2	6	8	4	1	5	..	1	1
„ 25 „ 30 „	6	3	9	23	9	32	8	3	11	1	3	4
„ 30 „ 35 „	9	4	13	19	6	25	10	7	17	15	4	19
„ 35 „ 40 „	16	4	20	20	2	22	8	3	11	16	..	16
„ 40 „ 45 „	10	1	11	21	1	22	9	4	13	14	3	17
„ 45 „ 50 „	9	2	11	12	2	14	4	2	6	5	..	5
„ 50 „ 55 „	6	3	9	10	2	12	1	5	6	5	1	6
„ 55 „ 60 „	1	1	2	3	..	3	1	..	1	1	2	3
„ 60 „ 65 „	10	7	17	9	2	11	4	1	5	4	1	5
„ 65 „ 70 „	2	1	3	3	2	5	..	..	..	..	..	..
„ 70 „ 75 „	13	2	15	10	4	14	4	5	9	1	..	1
„ 75 „ 80 „	..	1	1	3	2	5	..	..	..	..	..	..
„ 80 „ 85 „	7	4	11	7	4	11	1	2	3	1	1	2
„ 85 „ 90 „	1	..	1	2	..	2	..	1	1	..	..	..
„ 90 „ 95 „	3	3	6	4	4	8	3	3	6	..	1	1
„ 95 „ 100 „	..	..	..	..	1	1	..	..	..	..	..	..
„ 100 „ 105 „	..	2	2	..	..	..	..	..	..	..	..	..
Au-dessus de 105	2	..	2	..	..	..	1	..	1	..	..	..
Age inconnu	..	..	..	..	..	..	..	..	..	..	..	..
Totaux	174	94	268	293	181	474	73	51	124	79	29	108

DÉCÉDÉS

D'APRÈS LES DISTINCTIONS

EN 1877

DE L'AGE ET DU SEXE (Suite).

Tableau XI.

AGE au moment du décès	DAMANHOUR			GHISEH			BENHA		
	mascul.	féminin.	Total	mascul.	féminin.	Total	masc.	fémin.	Total
Au-dessous de 3 mois	94	54	148	29	21	50	20	20	40
de 3 à 6 "	17	11	28	22	11	33	9	8	17
" 6 " 9 "	25	17	42	16	16	32	12	9	21
" 9 " 1 an	14	12	26	5	8	13	5	7	12
" 1 an à 2 ans	59	56	115	50	43	93	34	26	60
" 2 " 3 "	28	33	61	14	26	40	13	9	22
" 3 " 4 "	10	5	15	7	8	15	10	7	17
" 4 " 5 "	6	8	14	7	7	14	3	5	8
" 5 " 6 "	2	5	7	8	1	9	2	4	6
" 6 " 7 "	6	2	8	3	..	3	4	2	6
" 7 " 8 "	3	..	3	..	1	1	4	1	5
" 8 " 9 "	5	2	7	..	3	3	2	3	5
" 9 " 10 "	6	2	8	..	1	1	..	..	..
" 10 " 15 "	11	10	21	7	6	13	7	6	13
" 15 " 20 "	4	3	7	8	4	12	1	2	3
" 20 " 25 "	6	5	11	5	9	14	4	2	6
" 25 " 30 "	6	5	11	7	8	15	5	6	11
" 30 " 35 "	9	6	15	7	16	23	4	2	6
" 35 " 40 "	10	1	11	6	4	10	1	..	1
" 40 " 45 "	20	4	24	6	12	18	6	3	9
" 45 " 50 "	3	..	3	7	3	10	4	..	4
" 50 " 55 "	9	8	17	10	12	22	4	3	7
" 55 " 60 "	1	..	1	2	..	2	1	1	2
" 60 " 65 "	14	4	18	15	16	31	5	3	8
" 65 " 70 "	2	..	2	5	2	7	1	1	2
" 70 " 75 "	11	13	24	12	13	25	5	10	15
" 75 " 80 "	..	1	1	2	1	3	1	1	2
" 80 " 85 "	14	13	27	4	8	12	8	14	22
" 85 " 90 "	2	..	2	1	..	1	1	..	1
" 90 " 95 "	6	4	10	3	3	6	14	14	28
" 95 " 100 "	..	1	1	—	..	..	..	3	3
" 100 " 105 "	2	..	2	..	..	..	..	..	..
Au-dessus de 105	..	..	..	..	..	..	..	..	..
Age inconnu	....	1	1	1	0	1	....	....	....
Totaux	405	286	691	269	263	532	190	172	362

AGE au moment du décès	ZAGAZIG			CHIBIN			TANTAH			MANSOURAH		
	mascul.	fémin.	Total	mascul.	fémin.	Total	mascul.	fémin.	Total	mascul.	fémin.	Total
Au-dessous de 3 mois	16	14	30	55	34	89	83	63	146	41	35	76
de 3 à 6 "	15	15	30	15	12	27	38	43	81	36	34	70
" 6 " 9 "	30	19	49	12	9	21	61	66	127	42	41	83
" 9 " 1 an	6	7	13	10	8	18	29	28	57	24	16	40
" 1 an à 2 ans	71	82	153	57	49	106	145	148	293	93	99	192
" 2 " 3 "	39	43	82	25	44	69	76	66	142	54	72	126
" 3 " 4 "	20	18	38	9	18	27	19	18	37	22	25	47
" 4 " 5 "	8	7	15	6	4	10	6	24	30	11	10	21
" 5 " 6 "	8	8	16	5	5	10	9	5	14	10	10	20
" 6 " 7 "	3	3	6	3	2	5	10	10	20	9	4	13
" 7 " 8 "	7	2	9	2	1	3	5	..	5	1	3	4
" 8 " 9 "	3	2	5	3	2	5	2	4	6	6	4	10
" 9 " 10 "	1	1	2	..	2	2	..	..	..	2	4	6
" 10 " 15 "	12	4	16	6	3	9	22	17	39	12	17	29
" 15 " 20 "	7	4	11	4	6	10	7	13	20	10	8	18
" 20 " 25 "	12	5	17	7	5	12	13	11	24	20	18	38
" 25 " 30 "	11	13	24	7	3	10	25	13	38	11	17	28
" 30 " 35 "	14	17	31	10	11	21	31	17	48	14	7	21
" 35 " 40 "	12	6	18	7	3	10	17	16	33	22	8	30
" 40 " 45 "	15	9	24	8	5	13	20	9	29	13	1	14
" 45 " 50 "	8	..	8	5	9	14	23	11	34	11	5	16
" 50 " 55 "	15	9	24	5	4	9	8	1	9	5	3	8
" 55 " 60 "	1	1	2	2	1	3	2	..	2	2	1	3
" 60 " 65 "	10	12	22	10	15	25	43	24	67	25	12	37
" 65 " 70 "	4	2	6	2	2	4	4	2	6	3	..	3
" 70 " 75 "	18	12	30	17	12	29	33	33	66	19	18	37
" 75 " 80 "	1	..	1	1	1	2	..	6	6	5	6	11
" 80 " 85 "	10	11	21	11	21	32	33	45	78	15	27	42
" 85 " 90 "	2	6	8	2	3	5	..	9	9	12	7	19
" 90 " 95 "	4	4	8	6	4	10	10	15	25	10	10	20
" 95 " 100 "	2	..	2	..	1	1	1	4	5	..	5	5
" 100 " 105 "	..	..	..	1	1	2	1	..	1	1	..	1
Au-dessus de 105	..	..	..	..	..	..	..	..	..	..	..	..
Age inconnu	..	..	..	..	1	1	..	..	..	..	..	..
Totaux	385	357	732	311	304	615	786	717	1503	573	539	1112

DÉCÉDÉS

D'APRÈS LES DISTINCTIONS

Tableau XI.

AGE au moment du décès	BENI-SOUEF			FAYOUM			MINIA		
	mascul.	féminin	Total	mascul.	féminin.	Total	masc.	fémin.	Total
Au-dessous de 3 mois.	26	18	44	59	41	100	42	39	81
de 3 à 6 "	13	10	23	30	30	60	14	12	26
" 6 " 9 "	7	9	16	41	28	79	22	19	41
" 9 " 1 an	5	8	13	25	21	46	9	6	15
" 1 " 2 ans	25	10	35	57	61	118	63	62	125
" 2 " 3 "	16	13	29	30	29	59	30	35	65
" 3 " 4 "	8	5	13	9	17	26	30	22	52
" 4 " 5 "	7	2	9	7	4	11	11	9	20
" 5 " 6 "	3	2	5	1	7	8	5	8	13
" 6 " 7 "	1	..	1	3	3	6	3	4	7
" 7 " 8 "	..	..	..	3	2	5	2	..	2
" 8 " 9 "	2	..	2	2	..	2	2	1	3
" 9 " 10 "	1	1	2	1	..	1	3	4	7
" 10 " 15 "	2	5	7	11	18	32	14	8	22
" 15 " 20 "	3	3	6	3	8	11	3	2	5
" 20 " 25 "	..	4	4	5	1	6	2	3	5
" 25 " 30 "	8	3	11	4	6	10	10	11	21
" 30 " 35 "	5	7	12	5	10	15	10	5	15
" 35 " 40 "	2	1	3	6	7	13	12	2	14
" 40 " 45 "	6	2	8	2	8	10	8	6	14
" 45 " 50 "	2	1	3	4	1	5	5	..	5
" 50 " 55 "	10	4	14	12	10	22	5	6	11
" 55 " 60 "	1	..	1	7	1	8	..	..	..
" 60 " 65 "	10	10	20	12	6	18	14	15	29
" 65 " 70 "	3	1	4	4	4	8	1	2	3
" 70 " 75 "	8	9	17	9	12	21	14	11	25
" 75 " 80 "	2	1	3	4	2	6	1	3	4
" 80 " 85 "	7	6	13	15	14	29	24	17	41
" 85 " 90 "	..	1	1	8	5	13	..	1	1
" 90 " 95 "	1	4	5	20	22	42	2	5	7
" 95 " 100 "	..	..	..	5	6	11	..	..	..
" 100 " 105 "	..	2	2	..	..	..	..	..	..
Au-dessus de 105....	..	..	..	..	..	..	1	..	1
Age inconnu.........	..	..	..	..	..	..	..	..	..
Totaux....	184	142	326	404	397	801	362	318	680

EN 1877

DE L'AGE ET DU SEXE (Suite).

Tableau XI.

AGE au moment du décès	ASSIOUT			GHIRGA			KÉNA			ESNA		
	mascul.	fémin.	Total	mascul.	fémin.	Total	mascul.	fémin.	Total	mascul.	fémin.	Total
Au-dessous de 3 mois.	85	68	154	4	3	7	35	39	74	34	34	68
de 3 à 6 "	50	31	61	2	2	4	28	16	44	12	13	25
" 6 " 9 "	32	27	59	6	8	14	24	23	47	15	11	26
" 9 " 1 an	31	28	59	1	3	4	8	6	14	11	8	19
" 1 " 2 ans	95	78	173	12	9	21	25	31	56	29	20	49
" 2 " 3 "	30	28	58	10	5	15	11	10	21	8	9	17
" 3 " 4 "	25	25	50	4	5	9	8	4	12	5	5	10
" 4 " 5 "	18	26	44	1	4	5	6	9	15	2	6	8
" 5 " 6 "	13	12	25	5	2	7	6	3	9	2	1	3
" 6 " 7 "	10	7	17	5	3	8	4	5	9	1	2	3
" 7 " 8 "	8	9	17	4	2	6	3	2	5	6	2	8
" 8 " 9 "	10	1	11	2	..	2	1	1	2	1	..	1
" 9 " 10 "	2	2	4	..	..	..	3	3	6	5	7	12
" 10 " 15 "	29	26	55	6	4	10	3	6	9	7	4	11
" 15 " 20 "	11	21	32	2	3	5	11	9	20	4	9	13
" 20 " 25 "	3	15	18	5	1	6	5	9	14	12	3	15
" 25 " 30 "	15	17	32	3	1	4	11	12	23	11	6	17
" 30 " 35 "	17	12	29	4	3	7	7	7	14	17	6	23
" 35 " 40 "	12	6	18	..	3	6	16	9	25	10	7	17
" 40 " 45 "	18	11	29	..	2	10	9	5	14	6	4	10
" 45 " 50 "	17	..	21	..	2	19	11	6	17	9	5	14
" 50 " 55 "	13	..	22	5	1	6	3	2	5	2	2	4
" 55 " 60 "	4	1	5	7	4	11	17	14	31	6	7	13
" 60 " 65 "	23	31	54	6	9	15	3	1	4	6	7	13
" 65 " 70 "	10	9	19	8	2	10	7	10	17	10	4	14
" 70 " 75 "	24	27	51	7	6	13	6	2	8	9	7	16
" 75 " 80 "	25	17	42	3	4	7	6	17	23	3	2	5
" 80 " 85 "	13	25	38	11	10	21	5	4	9	3	2	5
" 85 " 90 "	3	6	9	2	..	5	3	8	13	..	1	3
" 90 " 95 "	1	4	5	1	1	2	2	1	3	1	..	4
" 95 " 100 "	..	..	..	..	..	2	2	..	2	..	..	..
" 100 " 105 "	..	..	..	1	..	..	..	..	1	..	..	..
Au-dessus de 105....	..	1	1	..	..	..	..	1	..	..	..	..
Age inconnu.........	..	..	..	..	..	..	..	..	..	..	..	..
Totaux....	642	613	1255	149	105	254	294	262	556	248	205	453

A l'aide de ce tableau, en réunissant les totaux, nous arrivons aux chiffres suivants :

	TOTAL des Décès.
Caire	18879
Alexandrie	9129
Rosette	615
Damiette	1514
Port-Saïd	583
El-Arich	95
Ismaïlia	268
Suez	474
Souakin	124
Massawah	108
Damanhour	691
Ghisch	532
Benha	362
Zagazig	722
Chibin	615
Tantah	1503
Mansourah	1112
Beni-Souef	326
Fayoum	801
Minia	680
Assiout	1255
Ghirga	254
Kena	556
Esna	453
TOTAL GÉNÉRAL	41651

Les villes et les chefs-lieux de provinces que nous venons d'indiquer, comprennent une population de 1.708.509 habitants.

En nous servant de ce chiffre, la mortalité moyenne annuelle, dans les divers centres de population, sera de 2,43 p. 100, tandis que 2,41 p. 100 représentait le taux de la mortalité générale.

Nous ne pouvons pourtant pas donner ces deux chiffres comme exprimant le rapport exact de la mortalité dans les villes et dans les campagnes, parce que dans les chiffres des différentes populations qui nous ont servi de base pour établir ces calculs, est compris, en certaines proportions, une partie de ces deux populations, urbaine et rurale.

Nous ne regarderons donc ce rapport que comme approximatif, car il faut remarquer que les délégués sanitaires des districts, qui se trouvent dans les centres populeux, ne tiennent pas séparés dans les registres les décès qui sont constatés dans un centre très-peuplé de ceux qui ont lieu dans les communes ou villages faisant partie d'un district, et qui, à vrai dire, constituent la population des campagnes.

Il résulte donc de ces considérations que pour arriver à perfectionner nos études, il est indispensable d'organiser un service statistique dans les diverses branches des administrations du Gouvernement, afin que chacune d'elles puisse contribuer à donner à ce Bureau central des informations aussi complètes et aussi exactes que possible.

Si de ces tableaux que nous venons d'indiquer, nous extrayons la mortalité des enfants, en ne considérant que ceux qui n'ont pas d'passé l'âge de 5 ans, voici les résultats que nous obtenons :

MORTALITÉ ENFANTINE.

Tableau XII.

LOCALITÉS	DÉCÈS 0 à 1 an	DÉCÈS 1 à 5 ans	Total 0 - 5	LOCALITÉS	DÉCÈS 0 à 1 an	DÉCÈS 1 à 5 ans	Total 0 - 5
Caire	7432	2589	10021	Benha	90	107	197
Alexandrie	3179	2377	5556	Zagazig	122	288	410
Rosette	151	138	289	Chibin	155	212	367
Damiette	349	552	901	Tantah	411	502	913
Port-Saïd	155	222	377	Mansourah	269	386	655
El Arich	28	25	53	Beni-Souef	96	86	182
Ismaïlia	50	59	109	Fayoum	285	214	499
Suez	114	131	245	Minia	63	262	325
Souakin	1	12	13	Assiout	336	364	700
Massawah	8	15	23	Ghirga	29	50	79
Damanhour	244	205	449	Kena	163	104	267
Ghisch	138	162	300	Esna	138	84	222

Ces chiffres nous montrent que sur un total de 41.652 décès, les enfants jusqu'à un an sont frappés dans la propotion de 33,61 p. 100, et ceux de 1 à 5 ans dans celle de 21,94 p. 100, tandis qu'à partir de 5 ans jusqu'à l'âge le plus avancé, le taux de la mortalité s'élève à 44,45 p. 100.

Ces chiffres qui donnent pour les enfants jusqu'à 5 ans une mortalité de 55,55 p. 100 (¹) sur le total des décès, méritent d'attirer l'attention des spécialistes et les études des physiologues, ou de ceux qui, par leurs connaissances et leur position, pourront porter un remède efficace à cette plaie qui afflige et ronge ce beau pays.

Nos informations exciteraient beaucoup plus d'intérêt si nous pouvions y joindre des indications sur les mort-nés, où il y aurait à faire de nombreuses et très-importantes remarques. Nous regrettons de n'avoir à cet égard aucune donnée qui puisse nous guider dans cette étude (²).

Un dernier tableau d'une utilité non moindre que les précédents, servira à nous démontrer la mortalité par mois.

Tableau XII.

(¹) Nous donnons ici, en note, le rapport des chiffres de la mortalité des enfants en Italie, pays que nous avons choisi comme un des plus méridionaux de l'Europe, pour nous rapprocher le plus possible de la latitude de l'Egypte, et les chiffres de la mortalité en Belgique, pays que nous prenons comme terme de comparaison entre ceux du centre de l'Europe, et nous avons ainsi pour l'année 1876 :

En Italie : Décès des enfants au-dessous de 1 an..............................220070

     ,,   ,, de 1 un an à 5.................................165246

TOTAL ... 385316

La mortalité générale ayant été de 796,420, il en résulte que sur 100 décédés 40,83 furent des enfants.

Et pour la Belgique : Décès des enfants au-dessous de 1 an..............................24514

     ,,   ,,   ,, de 1 an à 5.................................18334

TOTAL.........42848

La mortalité générale ayant été de 116,787, il en résulte que sur 100 décédés 36,62 étaient des enfants.

(²) Voir la note de la page 13.

DÉCÉDES EN 1877

PAR MOIS ET PAR SEXES.

Tableau XIII.

DÉCÉDÉS PAR MOIS ET EN 1877 PAR SEXES.

Tableau XIII.

VILLES	JANVIER		FÉVRIER		MARS		AVRIL		MAI		JUIN	
	M.	F.	M.	F.	M.	F.	M.	F.	M.	F.	M.	F.
Caire	765	683	697	617	984	821	903	766	1020	832	933	807
Alexandrie	450	338	377	305	405	310	417	306	414	370	418	317
Rosette	22	21	28	23	37	27	24	21	19	25	28	16
Damiette	65	53	57	43	77	46	52	56	78	64	75	53
Port-Saïd	18	10	12	13	20	9	29	12	33	27	45	34
El-Arich	5	9	7	3	3	2	4	2	6	4	3	2
Ismailia	8	5	9	3	7	2	14	5	11	11	11	4
Suez	39	15	15	12	33	10	37	22	26	13	20	23
Souakin	12	7	5	4	5	4	4	4	3	4	2	5
Massawah	10	1	9	2	6	"	3	4	8	2	1	3
Damanhour	34	21	20	13	31	17	38	20	46	29	43	29
Ghiseh	18	21	21	19	23	29	24	17	24	29	16	20
Benha	13	15	11	14	19	10	16	16	21	20	20	27
Charkieh	21	32	25	27	37	37	37	33	45	32	33	27
Chibin	26	23	24	16	20	27	25	38	46	31	31	26
Tantah	56	56	51	43	66	40	52	52	59	82	91	76
Mansourah	40	32	29	26	29	31	32	34	71	53	63	58
Beni-Souef	16	10	15	13	15	18	22	7	16	8	20	15
Fayoum	31	29	22	19	36	27	22	20	45	42	36	44
Minia	21	9	18	13	19	17	23	33	30	19	27	28
Assiout	48	60	46	32	43	47	43	51	50	54	58	40
Ghirga	17	5	8	7	8	4	4	4	11	8	14	7
Kena	13	16	12	7	23	23	31	22	14	21	16	14
Esna	14	14	21	13	13	8	13	18	21	21	18	16
Totaux	1754	1472	1540	1287	1945	1581	1860	1577	2117	1797	2022	1691
(total des 2 sexes)	3226		2827		3526		3443		3914		3713	

VILLES	JUILLET		AOUT		SEPTEMBR.		OCTOBRE		NOVEMBR.		DÉCEMBR.		TOTAL		TOTAL GÉNÉRAL
	M.	F.	M.	F.	M.	F.	M.	F.	M.	F.	M.	F.	M.	F.	
Caire	906	893	764	767	780	738	770	738	673	647	680	691	9882	8998	18879
Alexandrie	436	412	438	377	452	401	431	377	383	316	373	305	4999	4130	9129
Rosette	26	29	24	22	32	18	30	30	29	26	31	27	330	285	615
Damiette	70	65	72	65	89	71	72	62	74	42	57	62	837	677	1514
Port-Saïd	35	32	24	16	26	16	28	17	26	35	42	30	338	245	583
El-Arich	9	5	4	5	4	5	5	4	11	6	4	[illegible]	48	47	95
Ismailia	5	9	2	13	10	30	11	29	17	29	15	[illegible]	174	94	268
Suez	21	21	20	16	10	11	16	11	29	11	28	10	293	181	474
Souakin	5	2	7	4	5	2	8	2	9	6	8	6	73	51	124
Massawah	10	2	7	3	6	2	11	3	1	1	7	4	79	29	108
Damanhour	32	30	26	34	35	19	29	25	45	25	34	21	402	286	694
Ghiseh	20	22	28	24	26	18	21	19	31	25	17	20	263	269	532
Benha	16	16	10	11	13	7	18	11	19	16	14	9	196	172	362
Charkieh	32	28	26	25	30	18	25	30	31	27	43	21	385	337	722
Chibin	29	31	24	20	24	22	25	22	16	27	27	25	311	304	615
Tantah	106	70	80	91	69	54	64	62	52	41	52	41	786	717	1503
Mansourah	57	52	53	52	53	55	41	61	50	43	49	35	573	539	1112
Beni-Souef	19	15	12	11	11	9	12	7	15	13	13	14	184	142	326
Fayoum	37	28	36	30	42	32	37	40	36	40	24	27	404	397	801
Minia	36	42	35	49	35	35	31	32	26	20	41	20	362	318	680
Assiout	32	37	43	40	54	36	90	67	81	84	50	62	612	613	1255
Ghirga	10	10	11	14	15	13	22	11	19	6	10	11	149	105	254
Kena	29	17	19	13	38	29	17	29	31	29	53	30	294	252	559
Esna	17	19	21	11	31	21	30	21	21	27	22	21	248	205	453
Totaux	1972	1870	1823	1700	1898	1637	1862	1700	1736	1535	1712	1533	22250	19395	41651
(total des 2 sexes)	3851		3522		3535		3569		3271		3245		41651		

Dans ce tableau, nous ne remarquons pas de grandes différences d'un mois à l'autre, les totaux partiels de chacun s'écartant fort peu de la moyenne mensuelle (3471).

Il est à remarquer que le maximum de la mortalité dans le courant de l'année est atteint au mois de Mai (3914), et c'est justement l'époque où soufflent le plus les vents du Khamsin ; le minimum est en Février (2827), mois dans lequel la température moyenne ne varie pas au-delà de 13° et même 15° centigrades.

II.

IMMIGRATION ET ÉMIGRATION.

II.

IMMIGRATION ET ÉMIGRATION.

Pour avoir une garantie plus certaine de l'exactitude du chiffre de la population égyptienne, il nous suffira de réunir dans quelques tableaux les données sur les Immigrations et les Emigrations que nous avons constatées, soit par voie de mer, pour les divers navires qui entrent et qui sortent, soit par voie de terre, pour les caravanes.

Nous ne prendrons ces données que de 1872, époque depuis laquelle plusieurs écrivains ont prétendu qu'il y avait une diminution dans la population égyptienne, tandis que nous nous sommes assurés du contraire.

Les matériaux que nous avons sur le mouvement de la population accompli par voie de mer, sont plus complets que ceux qui nous sont fournis pour la voie de terre, toutefois nous croyons que nos informations, qui sont puisées à des sources officielles et pour lesquelles nous avons fait toutes les recherches possibles, peuvent être préférées à toutes celles qui ont été données à ce sujet, et dont les auteurs ne pouvaient avoir les moyens de les recueillir qui ont été mis à notre disposition.

Nous commencerons donc par exposer le mouvement de l'Imigration et de l'Emigration par voie de mer à l'aide des deux tableaux suivants :

ENTRÉES PAR GRANDE NAVIGATION.

Tableau XIV.

| | | PASSAGERS | | | | | |
| ANNÉES | Hommes d'équipage | CIVILS | | MILITAIRES | | Pèlerins | TOTAL |
		Pour le pays	En transit	Egyptiens	Etrangers		
1873	213199	54834	44470	5187	63655	30991	412336
1874	220343	39813	40433	3170	51809	44112	399680
1875	222668	34361	42447	22932	44488	38725	405621
1876	216708	24626	41943	22365	42941	57096	405679
1877	209076	20992	46092	9634	46192	51197	386483
Totaux	1081994	174626	215385	63288	249385	225121	2009799

Entrées par petit Cabotage.

Tableau XV.

Années	Equipages	PASSAGERS		TOTAL
		Civils	Militaires	
1873	17920	4401	209	22530
1874	21311	5838	337	27486
1875	27229	4842	233	32304
1876	16551	5590	74	22215
1877	14048	6213	270	20531
Totaux	97059	26884	1123	125066

En réunissant, par conséquent, les entrées pendant cette période quinquennale, nous obtenons les chiffres ci-après :

Entrées par grande navigation..2.009.799

„ „ „ petit cabotage...125.066

Total des entrées......................2.134.865

Les sorties pendant la même période, au moyen de la grande navigation comme du petit cabotage, sont indiquées dans les deux tableaux ci-dessous:

Sorties par Grande Navigation.

Tableau XVI.

Années	Hommes d'équipage	PASSAGERS				Pèlerins	TOTAL
		CIVILS		MILITAIRES			
		Pour le pays	En transit	Egyptiens	Etrangers		
1873	147320	41550	46199	2707	63654	41784	343214
1874	225343	29970	40750	2909	51810	35341	384123
1875	246869	20996	41051	29981	44487	50105	433489
1876	257798	18143	40366	41832	42941	62924	467004
1877	205732	21482	43920	9079	46492	41528	368233
Totaux	1083062	132141	212286	89508	249384	231682	1998063

SORTIES PAR PETIT CABOTAGE.

Tableau XVII.

ANNÉES	Equipages	PASSAGERS		TOTAL
		Civils	Militaires	
1873	18376	4072	387	22835
1874	21924	4763	423	27110
1875	27871	3739	140	31750
1876	15696	4088	75	19859
1877	12413	3860	334	16607
Totaux	96280	20522	1359	118161

En additionnant les sorties de cette période, nous obtenons les chiffres suivants :

Sorties par Grande Navigation 1.998.063

„   „   Petit Cabotage 118.161

Total des Sorties 2.116.224

En résumant ces deux mouvements, nous avons les totaux ci-après :

Aux entrées 2.134.865

Aux sorties 2.116.224

et conséquemment un excédant des entrées sur

les sorties de .... 18.641 (¹)

Après avoir donné le mouvement d'émigration et d'immigration par voie de mer, nous allons examiner comment ce mouvement se détermine par voie de terre au moyen des caravanes.

(¹) On ne peut déduire du nombre des Militaires égyptiens enregistrés aux entrées et aux sorties, le nombre de ceux qui sont morts pendant la guerre d'Abyssinie, car une partie du contingent qui a fait cette campagne est restée de garnison dans diverses places et une autre, à destination de Constantinople, est partie de Massawah sans s'arrêter dans aucun des ports égyptiens. Ainsi s'explique le chiffre important des sorties en grande navigation en 1875, qui comprend aussi des Militaires ayant pris part à la guerre contre la Russie.

Mouvement des Caravanes entrées en Egypte
par voie d'El-Arich de 1873 a 1877.

Tableau XVIII.

Années	Caravanes	Chameaux	Chevaux	Mulets	Anes	Moutons	Chèvres	Bœufs	Gazelles	Chiens	Passagers
1873	781	9245	1365	922	495	49331	..	..	10	31	3577
1874	577	4558	1105	250	171	24085	63	..	..	..	4157
1875	210	2303	3175	787	150	21234	15	..	..	..	2146
1876	605	2485	1275	1022	520	2877.1	239	40	..	..	2903
1877	766	5292	3750	772	1483	16108	463	724	..	..	6543
Totaux	2939	23953	10677	3753	2820	139529	840	764	10	31	19325

Du côté de la Haute-Egypte, nos informations se bornent à l'année 1876.

Le Gouvernorat de Souakin, cette même année, eut le mouvement suivant :

Mouvement mensuel des Caravanes entrées en Égypte
par voie de Souakin en 1876.

Tableau XIX.

MOIS	Akir	Gedda	Massawa	Souakin	Toukár	Goalcida	Aden	Nouraï du	Totaux
Janvier	6	4	9	..	..	..	..	..	19
Février	..	4	4	12	3	..	..	..	23
Mars	2	143	17	10	..	..	..	..	172
Avril	6	74	17	20	..	..	..	..	117
Mai	51	51	27	91	9	5	..	..	234
Juin	13	47	7	736	..	..	..	..	803
Juillet	..	39	12	21	..	..	..	..	72
Août	13	33	32	17	..	..	..	..	95
Septembre	5	41	11	60	..	21	..	1	139
Octobre	7	51	269	12	..	..	..	..	330
Novembre	13	52	84	13	..	..	..	..	162
Décembre	4	37	36	17	..	..	6	..	100
								Total	2266

En admettant que ce mouvement de l'année 1876 se répète avec une certaine uniformité pour les autres années, nous aurons pour la période 1873-77 une entrée du côté de Souakin de 11,330 passagers.

Le mouvement de l'immigration dans le Gouvernorat de Massawah a suivi, en 1876, la marche ci-dessous :

Pèlerins revenant du Hedjaz... 826
Voyageurs et négociants revenant du Hedjaz............... 252

Total pour l'année 1876....................... 1.078

ou un chiffre total de 5,390 pèlerins et voyageurs pour la période quinquennale que nous examinons, en supposant toujours que le même mouvement se soit reproduit chaque année.

Si donc nous réunissons les totaux des entrées vérifiées ou calculées de la période 1873-77, nous obtenons, pour ces trois Gouvernorats, les résultats suivants :

Entrées par la route d'El-Arich.................... 19.325
    „   „   „ de Souakin.................... 11.330
    „   „   „ de Massawah.................... 5.390

Total des entrées.................... 36.045

Voyons maintenant ce qui arrive pour les sorties :

Mouvement des Caravanes sorties de l'Égypte par voie d'El-Arich de 1873 à 1877.

Tableau XX.

Années	Caravanes	Chameaux	Chevaux	Mulets	Anes	Moutons	Chèvres	Bœufs	Gazelles	Chiens	Passagers
1873	577	2153	..	..	..	..	..	..	..	..	2397
1874	359	1419	22	..	111	..	..	..	—	..	2503
1875	111	448	7	..	80	..	..	..	..	..	387
1876	180	590	9	3	67	..	..	..	..	..	491
1877	235	563	12	..	57	..	..	..	..	..	632
Totaux....	1462	5173	50	3	315	..	..	..	..	..	6710

Le Gouvernorat de Souakin, pendant l'année 1876, a eu le mouvement de sortie suivant :

MOUVEMENT MENSUEL DES CARAVANES SORTIES DE L'ÉGYPTE PAR VOIE DE SOUAKIN EN 1876.

Tableau XXI

MOIS	Akir	Gedda	Massawah	Souakin	Tonkâr	Goudeïda	Aden	Merouâïch	Totaux
Janvier	--	44	50	82	2	--	--	--	178
Février	--	18	--	60	--	--	--	--	78
Mars	--	16	10	5	--	--	--	--	31
Avril	1	15	6	16	--	--	1	--	39
Mai	--	45	2	18	3	--	--	--	68
Juin	--	16	709	112	--	--	--	—	837
Juillet	--	90	3	1296	--	--	--	--	1339
Août	23	23	11	14	1	--	--	--	72
Septembre	1	4	618	558	--	--	--	--	1181
Octobre	3	58	12	240	--	--	--	--	313
Novembre	8	251	103	30	1	--	--	--	393
Décembre	6	173	44	93	--	--	--	--	313
								Total	4898

En établissant la même hypothèse que nous avons admise pour l'immigration, à savoir que le chiffre donné pour l'année 1876 se reproduise approximativement pour les autres quatre ans, le total de 24.490 que nous obtenons représentera l'effectif de l'émigration pour la période qui nous occupe.

Voici pour 1876 le mouvement de sortie qu'a eu le Gouvernorat de Massawah :

Pèlerins partant pour le Hedjaz 466

Voyageurs et négociants partant pour le Hedjaz 371

Total pour l'année 1876 837

ou 4.185 pèlerins et voyageurs pendant la période quinquennale, en supposant toujours que nous ayons le même mouvement chaque année.

Les sorties par caravanes, vérifiées ou calculées, nous donnent pour cette même période 1873-1877 les résultats suivants :

Sorties par voie d'El Arich 6.710

„   „   de Souakin 24.490

„   „   de Massawah. 4.185

Total des sorties............ 35.385

En réunissant ces deux mouvements, voici les totaux que nous obtenons :

Aux entrées 36,045

„   sorties 35,385

et, en conséquence, un excédant des entrées sur les sorties de........ 660

Nous croyons devoir en terminant ce chapitre résumer le mouvement de l'immigration et de l'émigration par voie de terre et par voie de mer, au moyen du tableau récapitulatif suivant :

ENTRÉES.	SORTIES.
—	—
Par mer 2.134.865	Par mer 2.116.284
„ terre 36.045	„ terre...................... 35.385
Total....2.170.910	Total....2.151.669

On voit que les résultats de la période de 1873-1877 se chiffrent par un excédant de l'immigration sur l'émigration de 19.241 individus, excédant dont nous n'avons pas jugé à propos de nous servir dans nos calculs d'appréciations, à cause de son peu d'importance.

III.

COMMERCE EXTÉRIEUR.

III.

COMMERCE EXTÉRIEUR.

Dans ce recueil de notes statistiques sur le commerce extérieur de l'Egypte nous avons cherché à ajouter quelques détails et de nombreux éclaircissements aux données générales que nous avons déjà publiées dans le " *Moniteur Egyptien* ".

Aussi, sans dépasser le cercle que nous avons dû nous tracer, nous avons fait notre possible pour répondre aux justes désirs que la presse nous a manifestés, en nous efforçant de rendre la lecture de cet amas de chiffres à la fois facile et intéressante.

Dans un ouvrage aussi restreint, nous n'avons pu cependant nous étendre davantage sur l'énumération de tous les articles de marchandises, car c'est là le propre d'ouvrages statistiques spéciaux sur le mouvement commercial d'un pays.

Les résultats du commerce extérieur de l'Egypte pendant les années 1874, 1875, 1876 et 1877, ont été les suivants :

Tableau XII

Années	Importations	Exportations	Total
	P. E.	P. E.	
1874	507064155	1342347226	1849411381
1875	561946693	1333333408	1895280101
1876	425319102	1356128582	1781447684
1877	449344135	1275023211	1724367346

Il est à remarquer que les exportations surpassent les importations,

en 1874 de ....P E. 835283071

  „ 1875   „ ---------------------------- „ 771386715

  „ 1876   „ ---------------------------- „ 930809480

  „ 1877   „ ---------------------------- „ 825679076

c'est-à-dire qu'elles donnent, pour les quatre années, un excédant de P. E. 3.363.158.342 sur les importations ou une moyenne pour chaque année de P. E. 840.789.585.

Ce commerce a été réparti parmi les nations de la manière suivante :

IMPORTATIONS ET EXPORTATIONS DE L'ÉGYPTE DE 1874 A 1877.

Tableau XXIII.

PAYS	ANNÉES	Importations en P. E.	Exportations en P. E.	TOTAL
GRANDE-BRETAGNE	1874	28030813	1014077933	1302108746
	1875	316276116	993007980	1309284096
	1876	249086934	993303215	1242390149
	1877	258154033	90163728	1163800761
FRANCE	1874	98713560	149979211	248592771
	1875	108207232	139244374	247451606
	1876	82622420	138351229	230973649
	1877	80792700	156357697	237150397
AUTRICHE-HONGRIE	1874	46186253	82561058	128747311
	1875	55411975	72958965	128370940
	1876	44759792	53428956	98187748
	1877	47935959	49489262	97425221
ITALIE	1874	22959580	29201604	52161184
	1875	28220658	52778437	80999095
	1876	18197138	49392404	67589542
	1877	18688374	78010574	96698948
INDES, CHINE ET JAPON	1874	22639465	223930	22863395
	1875	29755057	92598	29847655
	1076	10515945	....	10515945
	1877	17782118	....	17782118
TURQUIE	1874	8529943	40331172	48861115
	1875	7122530	41126503	48259033
	1876	3381558	37267941	40649499
	1777	9167554	40378980	49546534
RUSSIE	1874	7634313	25881692	23393205
	1875	4755337	23947185	28702522
	1876	6029035	73529549	79558584
	1877	918567	30145077	31063644

Importations et Exportations de l'Égypte de 1874 a 1877. (Suite.)

Tableau XXIII.

PAYS	ANNÉES	Importations en P. E.	Exportations en P. E.	TOTAL
AMÉRIQUE	1874	6688305	2129050	6717355
	1875	5803914	1953272	7757186
	1876	4039333	3997000	8036333
	1877	10108895	3596176	13705071
GRÉCE	1874	1503403	6073252	7576655
	1875	2186925	5119836	7306761
	1876	2320939	4476334	6797273
	1877	1887817	4940539	6828356
PUISSANCES DIVERSES	1874	4178520	1711124	5889644
	1875	4206949	3104258	7311207
	1876	4366008	2381964	6747972
	1877	3908118	6468178	10376296

Ce mouvement ne répond pas complètement au véritable mouvement commercial de chaque pays ; en effet, la Belgique, l'Allemagne, la Hollande et quelques autres puissances nous envoient des marchandises en transit par la France, l'Italie, ou l'Autriche-Hongrie, marchandises que la Douane nous désigne comme provenant de ces pays.

Il y aurait encore toutes les marchandises de provenances ottomanes qui sont importées et exportées en vertu de raftieh ; nous en donnerons le détail dans l'ouvrage spécial du mouvement commercial en Egypte.

L'Angleterre, à elle seule, en résumant les totaux des quatres années, a absorbé 69, 20 p. 100 du commerce de l'importation et de l'exportation de l'Egypte.

Viennent ensuite : la France avec 13, 28 p. 100, l'Autriche-Hongrie avec 6,24 p. 100, l'Italie avec 4, 10 p. 100 ; les Indes, le Japon, la Turquie, la Russie, l'Amérique, la Grèce et divers autres pays qui se partagent les 7, 18 p. 100 restants.

Le commerce, dans ladite période quatriennale, a présenté une certaine diminution avec l'Angleterre, qui, en 1874, absorbait un total de P. E. 1.302.108.746, tandis qu'en 1877, il n'a été que de P. E. 1.163.800,761. La France est presque stationnaire; de 248.592.771 pendant l'année 1874, elle est descendue à 237.150.397. L'Autriche-Hongrie accuse une diminution; de P. E. 128.747.311 pour 1874, son commerce en 1877, est tombé à 97.425.221. L'Italie présente une augmentation : de 52.161.184. P. E. en 1874, elle a porté son mouvement commercial à 96.698.948. P. E. pendant l'année 1877.

En prenant la moyenne des quatre années, c'est-à-dire P. E. 1.812.626.628 ou francs 469.896.727, le commerce de l'Egypte, par chaque habitant (population 5.517.627), a été de francs 85,16.

Par conséquent, l'Egypte, dans le mouvement commercial rapporté à chaque habitant, vient après l'Angleterre (460 fr. 90 cent. par habitants) ; la Belgique (446 fr. 12) ; la France (198 fr. 04) ; l'Allemagne (173 fr. 62) ; mais elle est supérieure à l'Italie (82 fr. 62), au Portugal (71 fr. 40), à l'Autriche-Hongrie (68 fr. 22), à la Russie (49 fr.) et à l'Espagne (46 fr. 67).

Maintenant que nous avons établi d'une manière sommaire les principaux résultats du commerce extérieur de l'Egypte, passons à l'examen de quelques détails intéressants.

Les chiffres généraux des importations et des exportations se décomposent, par nature de marchandises, comme suit :

PRINCIPALES MARCHANDISES IMPORTÉES DE 1874 A 1877.
Valeurs en Piastres Egyptiennes.

Tableau XXIV.

ARTICLES	Moyenne	1874	1875	1876	1877
Tissus divers	169970975	154116510	176498487	150478375	162790429
Charbon de terre	73811413	78236936	95546710	56716429	64745580
Confections	27663925	28710586	33725783	27151191	21068141
Comestibles	19247702	23395917	24268701	18686294	10639895
Boissons et esprits	15552617	14936848	16036813	18725369	12511438
Huiles diverses	14467077	15016137	16421159	9847675	16583335
Indigo	14187470	10119666	19038242	15436859	12155015
Fils divers	13010934	12341948	13497392	12905430	13298967
Fers brut et ouvré	12680284	15543348	9683678	14914383	10579726
Bois de construction	12328787	16086220	14427137	10236659	8565130
Sucres	11234025	9783350	11236175	10063263	13856310
Drogues	7053435	6839668	8354184	7156568	5863321
Bougies	6240655	6173766	6456576	6308631	6023547
Machines	4775666	6043168	2662436	6897515	3499545
Soie grège	4385872	7548804	3950599	1706185	4337901
Peaux diverses	3955601	3845757	4006952	4490404	3479291
Meubles	3774243	5014104	5239819	3339794	1503256
Papiers divers	3760840	3142582	3556265	3722021	4622492
Autres marchandises(¹)	76817000	90171740	97339385	46536057	73220816
TOTAUX	485918521	507064155	561946693	425319102	449344135

(¹) Dans un résumé de la nature de cet ouvrage, nous avons dû réunir sous cette même rubrique *"Autres marchandises"* tous les articles classés par ordre d'importance, quant à la valeur de leur commerce, qui viennent après les *"Papiers divers"*.

PRINCIPALES MARCHANDISES EXPORTÉES DE 1874 A 1877.

Valeurs en Piastres Egyptiennes.

Tableau XXV.

ARTICLES	Moyenne	1874	1875	1876	1877
Coton	861281769	967628288	885363492	876271197	715864100
Céréales	170592361	75038606	177262260	210776472	219292106
Graines de coton	149896183	131093330	124352438	145585901	162553061
Sucres	65461768	72645633	50212762	45360051	93628626
Gommes	20931086	26826918	22515281	17582062	16800081
Peaux	11710742	11824156	11156676	11312502	12550232
Plumes d'Autruches	10732414	16537573	10639383	7687764	8064936
Laines	8562160	7579846	7380088	10531761	8753946
Chiffons	5788545	4581949	4644656	6692202	7235373
Dents d'Eléphants	5694018	4889751	8551642	3171650	6163029
Cire	1701337	1185983	3012079	1418972	1188316
Autres marchandises(1)	23355724	22515193	28243251	19735048	22929405
TOTAUX	1326708107	1342347226	1333333408	1356128582	1275023211

Ce mouvement général d'importation et d'exportation s'accomplit dans les diverses douanes de l'Egypte de la manière suivante :

MOUVEMENT GÉNÉRAL D'IMPORTATION

ET D'EXPORTATION DES DIFFÉRENTES DOUANES DE L'EGYPTE DE 1874 A 1877.

Valeurs en Piastres Egyptiennes.

Tableau XXVI.

Douanes	Moyenne des quatre années	1874	1875	1876	1877
Alexandrie	1717204645	1752416687	1783134775	1707800474	1625466643
Damiette	11242370	12120580	7515284	8576533	16756084
El-Arich	1173757	3118229	1476022	52375	48404
Kosseir	3358490	3564842	3843104	3404529	2621485
Port-Saïd	44668232	44931615	58225872	28615936	46899502
Suez	31979131	33259428	41085044	32997837	32574228
Totaux	1812626628	1849111381	1895280101	1781447684	1724367346

(1) Voir la note du tableau précédent.

— 52 —

De l'examen de ces chiffres, on peut voir que la douane d'Alexandrie, à elle seule, absorbe 94, 7 p. 100 du commerce de l'Egypte.

Ce même mouvement, décomposé à l'importation et à l'exportation par chaque douane, donne :

COMMERCE D'IMPORTATION DES DIFFÉRENTES DOUANES DE L'ÉGYPTE
DE 1874 A 1877.

Valeurs en Piastres Egyptiennes.

Tableau XXVII.

Douanes	Moyenne des quatre années	1874	1875	1876	1877
Alexandrie	417913258	434677433	474729652	378780992	383464955
Damiette	495496	614435	313163	275571	778817
El-Arich	1122735	3043142	1435809	5629	6358
Kosseir	74468	63114	52821	112927	69009
Port-Saïd	38626572	38957604	51340287	19717455	44490942
Suez	27685992	29708427	34074961	26426528	20534054
Totaux	485918521	507054155	561946693	425319102	449344135

COMMERCE D'EXPORTATION DES DIFFÉRENTES DOUANES DE L'ÉGYPTE
DE 1874 A 1877

Valeurs en Piastres Egyptiennes.

Tableau XXVIII

Douanes	Moyenne des quatres années	1874	1875	1876	1877
Alexandrie	1299291387	1317739254	1308405123	1329019482	1242001688
Damiette	10746874	11506145	7202121	8306962	15978267
El-Arich	51023	75087	40213	46746	42046
Kosseir	3234022	3501728	3790283	3294602	2552476
Port-Saïd	6041659	5974011	6885585	8898581	2408560
Suez	7293142	3551001	7010083	6571309	12040174
Totaux	1326708107	1342347226	1333333408	1356128682	1275023211

Dans tous ces tableaux nous avons fait précéder le mouvement commercial de chaque année d'une colonne servant à indiquer, tout d'abord, le chiffre moyen des quatre années de notre période, pour rendre plus faciles les observations et les études de ceux qui voudront bien examiner et consulter cet ouvrage.

Nous allons terminer ce chapitre par deux tableaux non moins intéressants indiquant le mouvement commercial par mois des importations et exportations prises séparément.

IMPORTATIONS MENSUELLES.

Valeurs en Piastres Egyptiennes.

Tableau XXIX.

MOIS	MOYENNE des 4 années	1874	1875	1876	1877
Janvier	38406604	36670653	47346060	35050021	34559682
Février	40090325	38092286	54608815	34425456	32334742
Mars	42811054	40741659	51088434	40818518	38595605
Avril	42507246	45487623	47244122	43095810	34201428
Mai	34981573	33542077	38056605	34115979	34211630
Juin	32877279	30816688	42433119	27166216	31093092
Juillet	37807046	36553435	39227286	30428447	45019014
Août	38319411	39198978	47998372	29991752	36083144
Septembre	40059398	45468217	44276203	33859913	36533258
Octobre	45520405	52453287	47106020	39802237	42720077
Novembre	47112290	55565119	55104097	37147020	40632923
Décembre	45425890	51574133	47357560	39412333	43359540
TOTAUX	485918521	507064155	561946693	425319102	449344135

EXPORTATIONS MENSUELLES.

Valeurs en Piastres Egyptiennes.

Tableau XXX.

MOIS	MOYENNE des 4 années	1874	1875	1876	1877
Janvier	177277402	154434541	152664501	199838375	205075091
Février	123894041	148274628	121898150	137801138	87605049
Mars	144940742	154329858	80212988	144846906	64773216
Avril	68114570	94043063	74301701	57794260	46319252
Mai	68535911	68292988	34710167	59111846	112048342
Juin	48840190	39812096	31473994	48220764	75853908
Juillet	46483347	31262510	44523564	44226307	66181008
Août	41357671	31456842	53424460	40741108	39808275
Septembre	52151180	39170448	73189687	48508254	47736330
Octobre	149165401	180451346	892412218	166511129	166457911
Novembre	233686601	224071001	2982559900	210955451	201462050
Décembre	296158051	179833605	2796333778	203473044	161692779
TOTAUX	1326708107	1342347226	1333333408	1356128582	1875023211

On peut voir par ces deux tableaux que le mouvement des importations ne s'écarte pas beaucoup de la moyenne mensuelle du mouvement pour les quatre années ; cette moyenne est de 40.493.210; ainsi, on trouve le maximum de P. E. 47.112.289 dans le mois de Novembre, et le minimum de P. E. 32.877.278 dans le mois de Juin.

Le mouvement des exportations, au contraire, subit des variations sensibles. Le minimum se rencontre aux mois de Juillet et d'Août où il ne dépasse que de peu le chiffre de 41 millions, et le maximum au mois de Novembre en P. E. 233.689.600.

A l'aide de ces deux tableaux, nous voyons encore que si, d'une part, l'importation se maintient pour tous les mois de l'année entre les chiffres moyens de 32 à 47 millions; d'autre part, les exportations subissent d'importantes variations; elle sont tout-à-fait insignifiantes pendant les mois de Juin et d'Août, tandis qu'aux mois de Novembre, Décembre et Janvier, elles atteignent leur maximum et restent assez élevées aux mois d'Octobre, de Février et de Mai.

Ce mouvement se rattache à la récolte du coton et suit la même progression, cette plante étant actuellement l'article le plus important de nos produits.

IV.

NAVIGATION INTERNATIONALE

ET

DE CABOTAGE.

IV.

NAVIGATION INTERNATIONALE

ET

DE CABOTAGE.

Une statistique de la Navigation, selon l'ordre et la forme que nous lui avons donnés, paraît ici pour la première fois; elle ne pourra par conséquent pas avoir le développement que la matière exige et qu'on est habitué à lui donner en Europe, et cela par la raison que nous avons dû nous servir seulement des matériaux dont nous pouvions disposer.

Néanmoins le travail que nous présentons, quoique restreint, ne manque pas d'un certain intérêt que les tableaux qui suivent suffisent à démontrer.

Avant de nous occuper de la marine marchande, nous donnerons un aperçu général sur le mouvement des navires de guerre dans nos ports, en commençant par un tableau qui résume ce mouvement pour la période quinquennale 1873-1877.

MOUVEMENT D'ENTRÉE ET DE SORTIE
DES NAVIRES DE GUERRE DANS LES PORTS EGYPTIENS
DE 1873 A 1877.

Tableau **XXXI.**

ANNÉES	A VAPEUR														A VOILES					TOTAL GÉNÉRAL
	Egyptiens	Allemands	Américains	Anglais	Austro-Hongrois	Espagnols	Français	Hollandais	Italiens	Ottomans	Portugais	Russes	Autres	TOTAL	Egyptiens	Anglais	Italiens	Autres	TOTAL	
1873	96	--	9	85	12	4	52	21	8	30	8	10	8	338	28	9	--	2	39	377
1874	164	8	5	89	4	4	55	17	15	30	10	4	4	408	20	9	4	--	33	441
1875(*)	205	6	6	102	8	--	53	2	--	42	12	4	--	440	12	18	--	--	30	470
1876(*)	265	6	--	109	4	2	67	4	8	24	4	6	4	497	31	20	--	--	51	548
1877	127	18	12	134	2	4	55	14	36	13	6	--	4	425	47	4	--	--	51	476
Totaux	852	38	32	519	30	14	282	58	60	139	40	24	20	2108	138	60	4	2	204	2312

(*) Dans le nombre des navires égyptiens sont compris tous les bâtiments de transport qui ont servi au passage des troupes égyptiennes lors de la guerre d'Abyssinie, ainsi que les vaisseaux torpilles.

- 58 -

Il résulte de ce tableau que, durant cette période, les navires de guerre des puissances étrangères qui sont entrés dans les ports de l'Egypte et ceux qui en sont sortis, en exceptant ceux portant le pavillon ottoman, viennent dans l'ordre suivant :

	Nombre.	Moyenne Annuelle.
Navires Anglais	519	104
— Français	282	57
— Italiens	60	13
— Hollandais	58	12
— Portugais	40	8
— Allemands	38	7
— Américains	32	6
— Austro-Hongrois	30	6
— Russes	24	5
— Divers	20	4

Le même mouvement dans les dites années a été reparti de la manière suivante :

MOUVEMENT D'ENTRÉE ET DE SORTIE
DES NAVIRES DE GUERRE DANS CHACUN DES PORTS EGYPTIENS
DANS LA PÉRIODE 1873-1877.

Tableau XXXII.

PORT D'ALEXANDRIE.

ANNÉES	A VAPEUR														A VOILES					TOTAL GÉNÉRAL
	Egyptiens	Allemands	Américains	Anglais	Austro-Hongrois	Espagnols	Français	Hollandais	Italiens	Ottomans	Portugais	Russes	Autres	Total	Egyptiens	Anglais	Italiens	Autres	Total	
1873	17	--	6	19	4	--	--	--	1	6	--	6	--	59	24	4	--	2	30	89
1874	57	--	2	3	--	--	2	--	1	4	--	2	2	73	6	6	2	--	14	87
1875	20	--	4	9	4	--	2	--	--	2	--	2	--	43	8	4	--	--	12	55
1876	13	--	--	19	--	--	10	--	--	2	--	2	2	48	--	6	--	--	6	54
1877	25	--	6	6	2	--	--	--	4	9	--	--	4	56	3	4	--	--	7	63
Totaux	132	--	18	56	10	--	14	--	6	23	--	12	8	279	41	24	2	2	69	348

Mouvement d'Entrée et de Sortie
DES NAVIRES DE GUERRE DANS CHACUN DES PORTS EGYPTIENS
DANS LA PÉRIODE 1873-1877. (Suite.)

Tableau **XXXII.**

ANNÉES	À VAPEUR														À VOILES					TOTAL GÉNÉRAL
	Egyptiens	Allemands	Americains	Anglais	Austro-Hongrois	Espagnols	Français	Hollandais	Italiens	Ottomans	Portugais	Russes	Autres	Total	Egyptiens	Anglais	Italiens	Autres	Total	
PORT-SAID.																				
1873	4	--	3	36	4	2	22	15	4	12	4	--	8	114	--	5	--	--	5	119
1874	12	4	3	46	2	2	23	11	8	10	6	--	2	129	4	3	2	--	9	138
1875	20	4	--	42	4	--	31	2	--	16	6	2	--	127	--	14	--	--	14	141
1876	19	4	--	41	4	--	29	2	2	16	2	2	2	123	6	14	--	--	20	143
1877	7	16	6	80	--	2	23	12	24	--	4	--	--	174	--	--	--	--	--	174
Totaux	62	28	12	245	14	6	128	42	38	54	22	4	12	667	10	36	2	--	48	715
PORT DE SUEZ.																				
1873	45	--	--	28	4	2	26	6	4	12	4	4	--	135	--	--	--	--	--	135
1874	39	4	--	38	2	2	30	6	4	16	4	2	--	147	--	--	--	--	--	147
1875	53	2	2	43	--	--	18	--	--	22	6	--	--	146	--	--	--	--	--	146
1876	71	2	--	41	--	2	26	2	--	4	2	2	--	152	8	--	--	--	8	160
1877	35	2	--	36	--	2	28	2	6	2	2	--	--	115	2	--	--	--	2	117
Totaux	243	10	2	186	6	8	128	16	14	56	18	8	--	695	10	--	--	--	10	705
PORT DE SOUAKIN.																				
1873	14	--	--	--	--	--	--	--	--	--	--	--	--	14	--	--	--	--	--	14
1874	29	--	--	--	--	--	--	--	--	--	--	--	--	29	--	--	--	--	--	29
1875	19	--	--	--	--	--	--	--	2	--	--	--	--	21	--	--	--	--	--	21
1876	10	--	--	2	--	--	--	--	--	--	--	--	--	12	--	--	--	--	--	12
1877	9	--	--	4	--	--	--	--	--	--	--	--	--	13	--	--	--	--	--	13
Totaux	81	--	--	6	--	--	--	--	2	--	--	--	--	89	--	--	--	--	--	89
PORT DE MASSAWAH.																				
1873	6	--	--	2	--	--	4	--	--	--	--	--	--	12	--	--	--	--	--	12
1874	8	--	--	2	--	--	--	--	--	--	--	--	--	10	--	--	--	--	--	10
1875	87	--	--	2	--	--	2	--	--	--	--	--	--	91	--	--	--	--	--	91
1876	139	--	--	4	--	--	2	--	--	--	--	--	--	145	13	--	--	--	13	158
1877	27	--	--	8	--	--	2	--	2	--	--	--	--	39	1	--	--	--	1	40
Totaux	267	--	--	18	--	--	10	--	2	--	--	--	--	297	14	--	--	--	14	311
AUTRES PORTS.																				
1873	4	--	--	--	--	--	--	--	--	--	--	--	--	4	4	--	--	--	4	8
1874	20	--	--	--	--	--	--	--	--	--	--	--	--	20	10	--	--	--	10	30
1875	6	--	--	6	--	--	--	--	--	--	--	--	--	12	4	--	--	--	4	16
1876	13	--	--	2	--	--	--	--	2	--	--	--	--	17	4	--	--	--	4	21
1877	24	--	--	--	--	--	2	--	2	--	--	--	--	28	--	--	--	--	--	28
Totaux	67	--	--	8	--	--	2	--	4	--	--	--	--	81	22	--	--	--	22	103

Examinons maintenant en détail la marine marchande, qui est celle qui excite plus d'intérêt comme étant le mode principal à l'aide duquel s'effectuent les échanges et se développent les industries.

Voyons, avant tout, quel a été l'effectif total de ce mouvement pendant cette période, pour passer ensuite à l'examen de quelques détails.

MOUVEMENT DE LA NAVIGATION

DE LA MARINE MARCHANDE DE 1873 A 1877.

(Entrées et Sorties réunies.)

Tableau XXXIII.

ANNÉES	NAVIGATION DE CABOTAGE		NAVIGATION INTERNAT.ᵉ		TOTAL	
	Navires.	Tonnage	Navires	Tonnage	Navires	Tonnage
1873	7526	210963	14797	7877939	22323	8088902
1874	9535	245677	13880	9403264	23415	9648941
1875	12043	349581	13283	8126982	25326	8476563
1876	7282	225163	13945	9106304	21227	9331467
1877	5899	199444	13592	8726867	19491	8926311
TOTAUX (*) ...	42285	1230828	69497	43241356	111782	44472184

D'après ce tableau, c'est en l'année 1875 que le mouvement des navires entrés et sortis (25.326) a été le plus accentué ; par contre, le plus fort tonnage a été constaté en 1874 (9.648.941).

L'année 1877 a été celle dans laquelle a été le plus faible le nombre des navires entrés et sortis (19.491), et c'est en 1873 qu'on a remarqué le tonnage le moins élevé (8.088,902).

(*) Dans ces chiffres sont compris tous les navires ayant transité par le Canal de Suez. Selon nous, ils n'auraient pas dû figurer dans l'effectif de notre mouvement de navigation.

Bien qu'ils représentent un certain mouvement de transit, comme cependant celui-ci s'applique spécialement à ce pays, ils devraient être plutôt portés dans des tableaux séparés. Nous n'avons pu le faire pour la même raison que nous ne pouvons tenir distinct le tonnage de la navigation à vapeur de celui de la navigation à voile, tout cela se trouvant confondu dans les renseignements que nous avons reçus comme base de notre travail. Avec le temps, il sera possible de remédier à ce défaut.

Le mouvement annuel de cette navigation se décompose pour chaque port de la manière suivante :

MOUVEMENT DE LA MARINE MARCHANDE PAR PORTS ET PAR ANNÉES.

(Entrées et Sorties réunies.)

Tableau XXXIV.

PORTS	NAVIGATION DE CABOTAGE		NAVIGATION INTERNAT.le		TOTAL	
	Navires	Tonneaux.	Navires	Tonneaux.	Navires	Tonneaux.
1873.						
Alexandrie.........	2304	81486	5539	2710345	7843	2791831
Aboukir (*)........	....	....	....	....	....	....
Brullos	624	16035			624	16035
Rosette...........	1619	32920	11	209	1630	33129
Damiette..........	936	41248	1929	142851	2865	184099
Port-Saïd	377	16034	4253	3373683	4630	3389717
Suez (**)..........			2063	1533560	2063	1533560
El-Wich (***).....	....	....	....	....	....	....
El-Arich..........	34	860	....	....	34	860
Kosseir (**).......	....	....	350	18417	350	18417
Souakin (**).......	....	....	341	58432	341	58432
Massawah.........	1632	22380	311	40442	1943	62822
Totaux......	7526	210963	14797	7877939	22323	8088902
1874.						
Alexandrie	2742	69580	5409	2685431	8151	2755011
Aboukir...........	1327	33084	2	90	1329	33174
Brullos	684	13966	6	106	690	14072
Rosette...........	1987	41543	8	100	1995	41643
Damiette	911	84684	1484	114135	2395	162819
Port-Saïd	336	16429	4251	4794003	4587	4810432
Suez.............	....	....	1857	1702793	1857	1702793
El-Wich	....	....	....	....	....	....
El-Arich..........	32	1012	....	....	32	1012
Kosseir...........	....	....	316	18874	316	18874
Souakin	....	....	264	44901	264	44901
Massawah.........	1516	21379	283	42831	1799	64210
Totaux......	9535	245677	13880	9403264	23415	9648941

(*) On n'a aucun renseignement pour le mouvement de cette année.

(**) Le mouvement du cabotage ne figure pas pour les trois ports de Suez de Kosseir et de Souakin qui n'exercent pas ce mouvement.

(***) Rade quarantenaire dont on n'a commencé à se servir qu'à partir de 1875.

Mouvement de la MARINE MARCHANDE par ports et par années. (Suite.)

(Entrées et Sorties réunies.)

Tableau XXXIV.

PORTS	Navigation de Cabotage		Navigation Internat.le		Total	
	Navires	Tonneaux	Navires	Tonneaux	Navires	Tonneaux

1875

PORTS	Navires	Tonneaux	Navires	Tonneaux	Navires	Tonneaux
Alexandrie	4720	129521	4763	2199235	9483	2328756
Aboukir	1852	41986	....	....	1852	41986
Brullos	486	17096	....	....	486	17696
Rosette	2676	71082	13	1596	2689	72678
Damiette	835	50825	1306	108233	2141	159058
Port-Saïd	339	18352	4175	3710001	4514	3728353
Suez	....	....	1881	1937148	1881	1937148
El-Wich	316	8320	146	8011	462	16331
El-Arich	20	802	....	....	20	802
Kosseir	....	....	329	14514	329	14514
Souakin	....	....	319	60326	319	60326
Massawah	799	10997	351	87918	1150	98915
Totaux	12043	349581	13283	8126982	25326	8476563

1876

PORTS	Navires	Tonneaux	Navires	Tonneaux	Navires	Tonneaux
Alexandrie	2459	75224	5066	2294333	7505	2369557
Aboukir	984	29866	20	4247	1004	34113
Brullos	476	14406	6	230	482	14636
Rosette	1432	34972	52	1192	1484	36164
Damiette	604	37667	1417	117853	2021	155520
Port-Said	172	9120	3844	4115122	4016	4124242
Suez	....	....	2000	2288487	2000	2288487
El-Wich	600	16414	471	78158	1071	94572
El-Arich	40	814	....	....	40	814
Kosseir	....	....	426	17529	426	17529
Souakin	....	....	225	72058	225	72058
Massawah	525	6680	418	117095	953	123775
Totaux	7282	225163	13945	9106304	21227	9331467

Mouvement de la MARINE MARCHANDE par Ports et par Années. (Suite.)

(Entrées et Sorties réunies.)

Tableau XXXIV.

PORTS	Navigation de Cabotage		Navigation Internat.[le]		Total	
	Navires	Tonneaux	Navires	Tonneaux	Navires	Tonneaux

1877

PORTS	Navires	Tonneaux	Navires	Tonneaux	Navires	Tonneaux
Alexandrie	1766	54179	4715	2157233	6481	2211412
Aboukir	460	14785	7	914	467	15699
Brullos	487	13347	6	48	493	13395
Rosette	1529	50188	44	1418	1573	51606
Damiette	658	42232	1420	119156	2078	161388
Port-Saïd	247	13980	4405	4198258	4652	4212238
Suez	....	....	1936	2084858	1936	2084858
El-Wich (¹)	....	....	....	....	....	....
El-Arich	4	12	38	553	42	565
Kosseir	....	....	254	8444	254	8444
Souakin	....	....	230	80523	230	80523
Massawah	748	10721	537	75462	1285	86183
Totaux	5899	199444	13592	8726867	19491	8926311

Après cet exposé général, nous allons donner ce mouvement en le détaillant par pavillons national et étranger, ainsi que par nombre et tonnage des navires entrés et sortis, chargés ou sur lest.

Nous regrettons de ne pouvoir indiquer séparément le tonnage des navires à vapeur et celui des navire à voiles (²) ; nous nous bornerons, après ce tableau, à donner seulement le nombre et la répartition de ces navires.

(¹) Rade quarantenaire dont on a cessé de se servir en 1877.
²) Voir la note de la page 60.

NAVIGATION INTERNATIONALE

PAR PORTS ET

D'APRÈS LES DISTINCTIONS DU

(Entrées et

Tableau XXXV.

PORT D'

ANNÉES		PAVILLON EGYPTIEN				PAVILLON	
		NAVIRES CHARGÉS		NAVIRES SUR LEST		NAVIRES CHARGÉS	
		Nombre	Tonnage	Nombre	Tonnage	Nombre	Tonnage
1873	Entrées......	558	46170	618	22381	2628	1235373
	Sorties.......	1242	68911	11	374	1299	660904
	Total	1800	115081	629	22655	3927	1896277
1874	Entrées......	817	47106	617	15762	2583	1429998
	Sorties.......	1312	59087	119	2975	992	437112
	Total	2129	105193	736	18737	3575	1877140
1875	Entrées......	750	43092	1660	44811	2203	1064625
	Sorties.......	2396	89602	22	616	1138	504195
	Total	3146	132694	1682	45427	3341	1568820
1876	Entrées......	797	47850	558	17911	2355	1072515
	Sorties.......	1126	58603	72	2160	1277	552443
	Total	1923	106453	630	20071	3632	1624958
1877	Entrées......	811	44415	200	6301	2153	1030936
	Sorties.......	774	42673	73	2190	1268	551515
	Total	1585	87088	273	8491	3421	1582451

PORT D'

ANNÉES		PAVILLON EGYPTIEN				PAVILLON	
		NAVIRES CHARGÉS		NAVIRES SUR LEST		NAVIRES CHARGÉS	
		Nombre	Tonnage	Nombre	Tonnage	Nombre	Tonnage
1873(*)	Entrées......	....	....	....	....	....	...
	Sorties.......	....	....	....	....	....	....
	Total	....	....	....	....	....	....
1874	Entrées......	655	16191	12	288	1	45
	Sorties.......	160	3645	500	12960	1	45
	Total	815	19836	522	13248	2	90
1875	Entrées......	928	20263	7	154	....	....
	Sorties.......	108	3864	809	17705	....	....
	Total	1036	24127	816	17859	....	....
1876	Entrées......	491	14747	1	30	7	352
	Sorties.......	90	2951	404	12924	8	349
	Total	581	17698	405	12954	15	701
1877	Entrées......	211	6779	6	186	2	232
	Sorties.......	94	2294	150	5750	1	115
	Total	305	9073	156	5936	3	347

*) Les données manquent pour cette année.

ET DE CABOTAGE

PAR ANNÉES,

PAVILLON, DU CHARGEMENT ET DU TONNAGE.

Sorties réunies.)

Tableau XXXV.

ETRANGER		PAVILLONS EGYPTIEN ET ETRANGER			
NAVIRES SUR LEST		Nombre des navires chargés et sur lest	TONNAGE		
Nombre	Tonnage		des navires chargés	des navires sur lest	TOTAL

DAMIETTE

Nombre	Tonnage	Nombre des navires chargés et sur lest	des navires chargés	des navires sur lest	TOTAL
126	9324	1455	83884	9632	93516
423	31376	1410	42620	47963	90583
549	40700	2865	126504	57595	184099
17	1255	1194	76412	2821	79224
442	35484	1201	31401	52194	83595
459	36739	2395	107813	55015	152819
4	345	1068	77582	3236	80818
452	36006	1073	28772	49468	78240
456	36351	2141	106354	52704	159058
....	....	1002	72389	1769	74158
490	38233	1019	23133	58229	81362
490	38233	2021	95522	59998	155520
1	83	1039	79914	787	80701
372	31304	1039	38418	42269	80687
373	31387	2078	118332	43056	161388

SAID

Nombre	Tonnage	Nombre des navires chargés et sur lest	des navires chargés	des navires sur lest	TOTAL
60	58380	2308	2010183	62665	2072848
669	411918	2322	899324	417545	1316869
729	470298	4630	2909507	480210	3389717
40	37624	2335	2002668	38329	2040997
601	797899	2252	1970926	798509	2760435
641	835523	4587	3973594	836838	4810432
2	965	2266	2017457	965	2018422
501	410696	2248	1299097	410834	1709931
503	411661	4514	3316554	411799	3728353
11	11521	2012	1844900	15220	1860120
570	443192	2604	1820585	443537	2264122
581	454713	4016	3665485	458757	4124242
1	982	2335	2121763	6823	2128586
588	591305	2317	1490207	593445	2083652
589	592287	4652	3611970	600268	4212238

NAVIGATION INTERNATIONALE ET DE CABOTAGE

PAR PORTS ET PAR ANNÉES

D'APRÈS LES DISTINCTIONS DU PAVILLON, DU CHARGEMENT ET DU TONNAGE.

(Entrées et Sorties réunies.)

Tableau XXXV. — *Tableau XXXVI.*

Années	PAVILLON EGYPTIEN				PAVILLON ÉTRANGER				PAVILLONS EGYPTIEN ET ÉTRANGER			
	NAVIRES CHARGÉS		NAVIRES SUR LEST		NAVIRES CHARGÉS		NAVIRES SUR LEST		NOMBRE des navires chargés et sur lest	TONNAGE		
	Nombre	Tonnage	Nombre	Tonnage	Nombre	Tonnage	Nombre	Tonnage		des navires chargés	des navires sur lest	TOTAL
PORT DE SUEZ.												
1873 Entrées	344	39400	3	114	680	730922	6	6906	1033	799322	7020	806342
Sorties	311	37904	30	1200	622	622856	67	65258	1030	660760	66458	727218
Total	655	77304	33	1314	1302	1382778	73	72164	2063	1460082	73478	1533560
1874 Entrées	924	31100	10	400	655	788585	35	41563	924	819685	41963	861648
Sorties	197	30430	36	1440	578	668271	122	141004	933	698701	142444	841145
Total	421	61530	46	1840	1233	1456856	157	182567	1857	1518386	184407	1702793
1875 Entrées	218	40300	..	..	727	925365	....	....	945	965665	....	965665
Sorties	194	39740	16	650	636	821733	90	109360	936	861473	110010	971483
Total	412	80040	16	650	1363	1747098	90	109360	1881	1827138	110010	1937148
1876 Entrées	203	43790	..	..	782	1092489	7	8019	992	1136279	8019	1144298
Sorties	198	43180	2	100	774	1060145	34	40764	1008	1103325	40864	1144189
Total	401	86970	2	100	1556	2152634	41	48783	2000	2239604	48883	2288487
1877 Entrées	120	21200	1	50	840	1020981	4	4324	965	1042181	4374	1046555
Sorties	121	21650	..	..	837	1002752	13	13901	971	1024402	13901	1038303
Total	241	42850	1	50	1677	2023733	17	18225	1936	2066583	18275	2084858
PORT D'EL-WICH.												
1873(*) Entrées	....	....	....	....	....	....	....	....	....	....	....	....
Sorties	....	....	....	....	....	....	....	....	....	....	....	....
Total	....	....	....	....	....	....	....	....	....	....	....	....
1874(*) Entrées	....	....	....	....	....	....	....	....	....	....	....	....
Sorties	....	....	....	....	....	....	....	....	....	....	....	....
Total	....	....	....	....	....	....	....	....	....	....	....	....
1875 Entrées	204	6382	26	1114	2	695	....	....	232	7077	1114	8191
Sorties	27	1305	201	6135	2	700	....	....	230	2005	6135	8140
Total	231	7687	227	7249	4	1395	....	....	462	9082	7249	16331
1876 Entrées	397	16463	107	4724	26	13921	8	12715	538	29754	17439	47193
Sorties	86	10425	413	16804	21	19200	13	950	533	29625	17754	47379
Total	483	26888	520	21528	47	32491	21	13665	1071	59379	35183	94572
1877(*) Entrées	....	....	....	....	....	....	....	....	....	....	....	....
Sorties	....	....	....	....	....	....	....	....	....	....	....	....
Total	....	....	....	....	....	....	....	....	....	....	....	....

(*) Les données manquent pour ces années.

NAVIGATION INTERNATIONALE ET DE CABOTAGE

PAR PORTS ET PAR ANNÉES,

D'APRÈS LES DISTINCTIONS DU PAVILLON, DU CHARGEMENT ET DU TONNAGE.

(Entrées et Sorties réunies).

Tableau XXXV.

PORT D'ALEXANDRIE.

Années	Pav. égyptien — Navires chargés — Nombre	Tonnage	Navires sur lest — Nombre	Tonnage	Pav. étranger — Navires chargés — Nombre	Tonnage	Étranger — Navires sur lest — Nombre	Tonnage	Nombre des navires chargés et sur lest	Tonnage des navires chargés	Tonnage des navires sur lest	Total
1873 Entrées	2	30	15	400	....	....	82	38458	3886	1281543	60739	1342282
1873 Sorties	14	355	3	75	....	....	1405	719360	3957	729815	719734	1449549
1873 Total	16	385	18	475	....	....	1487	757818	7843	2011358	780473	2791831
1874 Entrées	2	82	14	424	....	....	73	40239	4090	1477104	56001	1533105
1874 Sorties	12	378	4	128	....	....	1638	722702	4061	496229	725677	1221906
1874 Total	14	460	18	552	....	....	1711	762941	8151	1973333	781678	2755011
1875 Entrées	1	40	9	361	....	....	116	55966	4729	1107717	100777	1208494
1875 Sorties	9	361	1	40	....	....	1198	525849	4734	593797	526465	1120262
1875 Total	10	401	10	401	...	....	1314	581815	9483	1701514	627242	2328756
1876 Entrées	3	60	17	347	....	....	186	83318	3896	1120365	101229	1221594
1876 Sorties	17	347	3	60	....	....	1234	534757	3709	611046	536917	1147963
1876 Total	20	407	20	407	....	....	1420	618075	7505	1731411	638146	2369557
1877 Entrées	1	3	1	3	3	49	221	106181	3385	1075351	112482	1187833
1877 Sorties	.	....	2	6	10	129	981	427201	3096	594188	429391	1023579
1877 Total	1	3	3	9	13	178	1202	533382	6481	1669539	541873	2211412

PORT DE ABOUKIR

Années	Pav. égyptien — Navires chargés — Nombre	Tonnage	Navires sur lest — Nombre	Tonnage	Pav. étranger — Navires chargés — Nombre	Tonnage	Étranger — Navires sur lest — Nombre	Tonnage	Nombre des navires chargés et sur lest	Tonnage des navires chargés	Tonnage des navires sur lest	Total
1873 Entrées	110	3520	89	2823	3	3300	....	....	....	....	....	....
1873 Sorties	144	5424	1	50	3	3300	....	....	....	....	....	....
1873 Total	254	8944	90	2873	6	6600	...	....	....	....	....	....
1874 Entrées	105	4508	68	2964	3	2250	....	....	668	16236	288	16524
1874 Sorties	118	5781	19	1121	3	2250	....	....	661	3690	12960	16650
1874 Total	223	10289	87	4085	6	4500	....	....	1329	19926	13248	33174
1875 Entrées	97	4578	66	2903	....	....	....	....	935	20263	154	20417
1875 Sorties	112	4890	54	2143	....	....	....	....	917	3864	17705	21569
1875 Total	209	9468	120	5046	....	....	....	....	1852	24127	17859	41986
1876 Entrées	92	5220	117	4728	2	700	2	51	501	15099	81	15180
1876 Sorties	138	4830	75	3341	1	650	1	43	503	3300	15633	18933
1876 Total	230	8050	192	8079	3	1350	3	94	1004	18399	15714	34113
1877 Entrées	76	2426	46	1489	2	100	1	115	220	7011	301	7312
1877 Sorties	72	2421	56	1908	2	100	2	228	247	2409	5978	8387
1877 Total	148	4817	102	3397	4	200	3	343	467	9420	6279	15699

NAVIGATION INTERNATIONALE ET DE CABOTAGE

PAR PORTS ET PAR ANNÉES

D'APRÈS LES DISTINCTIONS DU PAVILLON, DU CHARGEMENT ET DU TONNAGE.

(Entrées et Sorties réunies.)

Tableau XXXV.

RADE DE BRULLOS.

Années		PAVILLON EGYPTIEN — Navires chargés		PAVILLON EGYPTIEN — Navires sur lest		PAVILLON ÉTRANGER — Navires chargés		ÉTRANGER — Navires sur lest		Nombre des navires chargés et sur lest	Tonnage des navires chargés	Tonnage des navires sur lest	Total
		Nombre	Tonnage	Nombre	Tonnage	Nombre	Tonnage	Nombre	Tonnage				
1873	Entrées	250	6610	73	1898	..	..	....	....	323	6610	1898	8508
	Sorties	300	7497	1	30	..	..	....	....	301	7497	30	7527
	Total	550	14107	74	1928	..	..	....	....	624	14107	1928	16035
1874	Entrées	319	7147	16	352	2	35	1	18	338	7182	370	7552
	Sorties	348	6443	1	24	2	35	1	18	352	6178	42	6520
	Total	667	13590	17	376	4	70	2	36	690	13660	412	14072
1875	Entrées	70	2768	170	6120	2	20	....	....	242	2788	6120	8908
	Sorties	242	8768	..	..	..	..	2	24	244	8768	20	8788
	Total	312	11536	170	6120	2	20	2	20	486	11556	6140	17696
1876	Entrées	166	5069	78	2340	2	77	1	38	247	5146	2378	7524
	Sorties	230	6937	2	60	1	38	2	77	235	6975	137	7112
	Total	396	12006	80	2400	3	115	3	115	482	12121	2515	14636
1877	Entrées	170	4176	71	1775	1	8	2	16	244	4184	1791	5975
	Sorties	246	7396	..	..	..	..	3	24	249	7396	24	7420
	Total	416	11572	71	1775	1	8	5	40	493	11580	1815	13395

RADE DE ROSETTE.

Années		PAVILLON EGYPTIEN — Navires chargés		PAVILLON EGYPTIEN — Navires sur lest		PAVILLON ÉTRANGER — Navires chargés		ÉTRANGER — Navires sur lest		Nombre des navires chargés et sur lest	Tonnage des navires chargés	Tonnage des navires sur lest	Total
		Nombre	Tonnage	Nombre	Tonnage	Nombre	Tonnage	Nombre	Tonnage				
1873	Entrées	796	16449	....	....	5	88	....	....	801	16537	....	16537
	Sorties	825	16507	....	....	2	45	2	40	829	16552	40	16592
	Total	1621	32956	....	....	7	133	2	40	1630	33089	40	33129
1874	Entrées	941	18958	....	....	4	51	....	....	945	19009	....	19009
	Sorties	1046	22585	....	....	4	49	....	....	1050	22634	....	22634
	Total	1987	41543	....	....	8	100	....	....	1995	41643	....	41643
1875	Entrées	1421	35091	....	....	6	773	1	25	1428	35864	25	35889
	Sorties	1255	35991	....	....	4	748	2	50	1261	36739	50	36789
	Total	2676	71082	....	....	10	1521	3	75	2689	72603	75	72678
1876	Entrées	720	17677	....	....	22	436	2	44	744	18113	44	18157
	Sorties	716	17383	2	44	6	132	16	448	740	17515	492	18007
	Total	1436	35060	2	44	28	568	18	492	1484	35628	536	36164
1877	Entrées	766	28405	....	....	22	619	....	....	788	29024	....	29024
	Sorties	763	21783	....	....	12	436	10	363	785	22219	363	22582
	Total	1529	50188	....	....	34	1155	10	363	1573	51243	363	51606

NAVIGATION INTERNATIONALE

PAR PORTS ET

D'APRÈS LES DISTINCTIONS DU

(Entrées et

ET DE CABOTAGE

PAR ANNÉES,

PAVILLON, DU CHARGEMENT ET DU TONNAGE.

Sorties réunies.)

Tableau XXXV.

RADE DE [...] ARICHE

Années		PAVILLON EGYPTIEN Navires chargés Nombre	Tonnage	Navires sur lest Nombre	Tonnage	PAVILLON ÉTRANGER Navires chargés Nombre	Tonnage	Navires sur lest Nombre	Tonnage	PAVILLONS EGYPTIEN ET ETRANGER Nombre des navires chargés et sur lest	Tonnage des navires chargés	des navires sur lest	Total
1873	Entrées	470	20733	7	308	852	63151	....	....	17	30	400	430
	Sorties	85	3734	377	16587	525	38886	....	....	17	355	75	430
	Total	555	24467	384	16895	1377	102037	....	....	34	385	475	800
1874	Entrées	427	23030	29	1566	721	53382	....	....	16	82	424	506
	Sorties	149	7720	315	16710	295	23681	....	....	16	378	128	506
	Total	576	30750	344	18276	1016	77063	....	....	32	460	552	1012
1875	Entrées	377	22300	49	2891	638	55282	....	....	10	40	361	401
	Sorties	201	12438	215	13462	205	16334	....	....	10	361	40	401
	Total	578	34738	264	16353	843	71616	....	....	20	401	401	802
1876	Entrées	269	16651	29	1769	704	55738	....	....	20	60	347	407
	Sorties	94	5828	213	19996	222	17305	....	....	20	347	60	407
	Total	363	22479	242	21765	926	73043	....	....	40	407	407	814
1877	Entrées	320	20718	11	704	707	59196	17	272	22	52	275	327
	Sorties	157	9891	171	10965	339	28527	8	103	20	129	109	238
	Total	477	20609	182	11609	1046	87723	25	375	42	181	384	565

PORT KOSSEIR

Années		PAVILLON EGYPTIEN Navires chargés Nombre	Tonnage	Navires sur lest Nombre	Tonnage	PAVILLON ÉTRANGER Navires chargés Nombre	Tonnage	Navires sur lest Nombre	Tonnage	PAVILLONS EGYPTIEN ET ETRANGER Nombre des navires chargés et sur lest	Tonnage des navires chargés	des navires sur lest	Total
1873	Entrées	91	5440	99	4285	2058	2004743	....	....	202	6820	2823	9643
	Sorties	132	4048	61	5627	1430	895276	....	....	148	8724	50	8774
	Total	223	9488	160	9912	3518	2900019	....	....	350	15544	2873	18417
1874	Entrées	165	9522	15	705	2115	1993146	....	....	176	6758	2964	9722
	Sorties	156	9388	13	610	1482	1961538	....	....	140	8031	1121	9152
	Total	321	18910	28	1315	3597	3954684	....	....	316	14780	4085	18874
1875	Entrées	189	15072	....	....	2075	2002385	....	....	163	4578	2903	7481
	Sorties	179	15903	3	138	1565	1283194	....	....	166	4890	2143	7033
	Total	368	30975	3	138	3640	3285579	....	....	329	9468	5046	14514
1876	Entrées	32	7241	70	3699	1899	1837659	....	....	211	3920	4738	8658
	Sorties	93	9695	7	345	1334	1810890	1	50	215	5480	3391	8871
	Total	125	16936	77	4044	3233	3648549	1	50	426	9400	8129	17529
1877	Entrées	105	4050	146	5841	2083	2117713	....	....	124	2526	1489	4015
	Sorties	191	7639	54	2140	1484	1482568	....	....	130	2521	1908	4429
	Total	296	11689	200	7981	3567	3600281	....	....	254	5047	3397	8444

NAVIGATION INTERNATIONALE ET DE CABOTAGE

PAR PORTS ET PAR ANNÉES

D'APRÈS LES DISTINCTIONS DU PAVILLON, DU CHARGEMENT ET DU TONNAGE.

(Entrées et Sorties réunies.)

Tableau XXXV.

Années		PAVILLON EGYPTIEN				PAVILLON ÉTRANGER				PAVILLONS EGYPTIEN ET ETRANGER			
		Navires chargés		Navires sur lest		Navires chargés		Navires sur lest		Nombre des navires chargés et sur lest	Tonnage des navires chargés	des navires sur lest	Total
		Nombre	Tonnage	Nombre	Tonnage	Nombre	Tonnage	Nombre	Tonnage				
PORT DE SOUAKIN.													
1873	Entrées	174	26288	....	....	4	3400	....	....	178	29688	....	29688
	Sorties	160	25444	....	....	3	3300	....	....	163	28744	....	28744
	Total	334	51732	....	....	7	6700	....	....	341	58432	....	58432
1874	Entrées	119	17154	....	....	4	4400	....	....	123	21554	....	21554
	Sorties	136	18847	....	....	5	4500	....	....	141	23347	....	23347
	Total	255	36001	....	....	9	8900	....	....	264	44901	....	44901
1875	Entrées	163	30378	....	....	2	200	....	....	165	30578	....	30578
	Sorties	153	29648	....	....	1	100	....	....	154	29748	....	29748
	Total	316	60026	....	....	3	300	....	....	319	60326	....	60326
1876	Entrées	99	19706	....	....	17	16250	....	....	116	35956	....	35956
	Sorties	91	19752	....	....	18	16350	....	....	109	36102	....	36102
	Total	190	39458	....	....	35	32600	....	....	225	72058	....	72058
1877	Entrées	58	26644	....	....	56	15600	....	....	114	42244	....	42244
	Sorties	66	24119	....	....	50	14160	....	....	116	38279	....	38279
	Total	124	50763	....	....	106	29760	....	....	230	80523	....	80523
PORT DE MASSAWAH.													
1873	Entrées	830	21432	11	143	131	8738	7	1057	979	30170	1200	31370
	Sorties	40	10588	798	11367	64	6045	62	3452	964	16633	14819	31452
	Total	870	32020	809	11510	195	14783	69	4509	1943	46803	16019	62822
1874	Entrées	763	22907	22	330	111	9134	5	771	901	32041	1101	33142
	Sorties	33	11354	750	10188	65	7000	50	2526	898	18354	12714	31068
	Total	796	34261	772	10518	176	16134	55	3297	1799	50395	13815	64210
1875	Entrées	413	15168	9	117	138	35433	13	3683	573	55601	3800	54401
	Sorties	39	11010	384	5402	65	13100	89	15002	577	24610	20404	44514
	Total	452	26178	393	5519	203	48533	102	18685	1150	74711	24204	98915
1876	Entrées	274	7736	4	48	192	50184	8	2165	478	57920	2213	60133
	Sorties	23	5106	254	3240	84	27620	114	27676	475	32726	30916	63642
	Total	297	12842	258	3288	276	77804	122	29841	953	90646	33129	123775
1877	Entrées	406	23197	10	140	223	18001	11	1505	650	41198	1645	42843
	Sorties	68	17956	343	4978	80	9600	144	10806	635	27556	15784	43340
	Total	474	41153	353	5118	303	27601	155	12311	1285	68754	17429	86183

Tableau XXXV.

NAVIGATION INTERNATIONALE ET DE CABOTAGE

PAR PORTS ET PAR ANNÉES

D'APRÈS LES DISTINCTIONS DU PAVILLON, DU CHARGEMENT ET DU TONNAGE.

(Entrées et Sorties réunies.)

Tableau XXXV.

PORT DE GABAL-EL-TOUR.

| ANNÉES | PAVILLON EGYPTIEN | | | | PAVILLON ETRANGER | | | | PAVILLONS EGYPTIEN ET ETRANGER | | | |
| | NAVIRES CHARGÉS | | NAVIRES SUR LEST | | NAVIRES CHARGÉS | | NAVIRES SUR LEST | | NOMBRE des navires chargés et sur lest | TONNAGE | | |
	Nombre	Tonnage	Nombre	Tonnage	Nombre	Tonnage	Nombre	Tonnage		des navires chargés	des navires sur lest	TOTAL
1873 Entrées	81	4521	64	2240	51	21450	....	....	196	25971	2240	28211
1873 Sorties	47	6084	96	3360	50	20550	....	....	193	26634	3360	29904
Total	128	10605	160	5600	101	42000	....	....	389	52605	5600	58205

Pour compléter les renseignements relatifs au mouvement maritime dans les ports de l'Egypte, nous donnons ici un tableau qui servira à faire connaître la répartition des navires à vapeur et à voiles de 1873 à 1877, tant à l'entrée qu'à la sortie.

NAVIGATION INTERNATIONALE ET DE CABOTAGE.

Entrées et Sorties des Navires à vapeur et à voiles.

Tableau XXXVI.

PORTS ET NAVIRES		1873	1874	1875	1876	1877	TOTAL
ALEXANDRIE	Vapeurs	1866	1878	1728	1751	1796	9019
	Voiliers	5977	6273	7755	5754	4685	30444
	Total	7843	8151	9483	7505	6481	39463
ABOUKIR	Vapeurs	....	....	....	....	....	....
	Voiliers	....	1329	1852	1004	467	4652
	Total	....	1329	1852	1004	467	4652
BRULLOS	Vapeurs	....	....	....	....	....	....
	Voiliers	624	690	486	482	493	2775
	Total	624	690	486	482	493	2775
ROSETTE	Vapeurs	....	....	....	....	....	....
	Voiliers	1630	1995	2689	2021	1573	9908
	Total	1630	1995	2689	2021	1573	9908
DAMIETTE	Vapeurs	4	....	2	....	1	7
	Voiliers	2865	2395	2141	2021	2077	11499
	Total	2869	2395	2143	2021	2078	11506
PORT-SAID	Vapeurs	2603	2924	3314	3265	3578	15684
	Voiliers	2027	1663	1200	751	1074	6715
	Total	4630	4587	4514	4016	4652	22399
SUEZ	Vapeurs	1425	1427	1590	1729	1727	7898
	Voiliers	638	430	291	271	271	1839
	Total	2063	1857	1881	2000	1936	9737
EL-WICH	Vapeurs	....	....	....	64	....	64
	Voiliers	....	....	462	1007	....	1469
	Total	....	....	462	1071	....	1533

Navigation Internationale et de Cabotage (Suite).

Entrées et Sorties des Navires à vapeur et à voiles.

Tableau XXXVI.

Ports et Navires		1873	1874	1875	1876	1877	Total
EL-ARICH	Vapeurs	- - - -	- - - -	- - - -	- - - -	- - - -	- - - -
	Voiliers	34	32	29	40	42	168
	Total	34	32	29	40	42	168
KOSSEIR	Vapeurs	6	4	2	2	- - -	14
	Voiliers	344	312	327	424	254	1661
	Total	350	316	329	426	254	1675
SOUAKIN	Vapeurs	101	103	117	107	115	543
	Voiliers	240	161	202	118	115	836
	Total	341	264	319	225	230	1379
MASAWAH	Vapeurs	53	58	48	35	67	261
	Voiliers	1890	1741	1102	918	1218	6869
	Total	1943	1799	1150	953	1285	7130
TOTAUX	Vapeurs	6058	6394	6801	6933	7284	33490
	Voiliers	16269	17021	18527	14811	12207	78835
	Total	22327	23415	25328	21764	19491	112325

Enfin un dernier tableau qui a aussi son importance nous donne pour chacun des ports Egyptiens le tonnage par an des navigations internationale et de cabotage réunies.

Navigation Internationale et de Cabotage.

Tonnage des Navires par port. — (Entrées et Sorties réunies.)

Tableau XXXVII.

Ports	1873	1874	1875	1876	1877	Total
Alexandrie	2791831	2755011	2328576	2369557	2211412	12456567
Aboukir	- - - -	33174	41986	34113	15699	124972
Brullos	16035	14072	17696	14636	13395	75834
Rosette	33129	41643	72678	36164	51606	235220
Damiette	184099	162819	159058	155521	161588	822884
Port-Saïd	3389717	4810432	3728353	4124242	4212238	20264982
Suez	1533560	1702793	1937148	2288487	2084858	9516846
El-Wich			16331	94572	- - - -	110903
El-Arich	860	1012	802	814	565	4053
Kosseir	18417	18874	14514	17529	8444	77778
Souakin	58432	44901	60326	72058	80523	316242
Massawah	62822	64210	98915	123775	86183	435905
TOTAUX	8088902	9648941	8176563	9331467	8926311	44172184

Nous voyons par ce tableau que les ports dans lequels le mouvement de la navigation a présenté le plus d'importance sont ceux d'Alexandrie, Port-Saïd et Suez. Viennent ensuite les ports de Damiette, Massawa, Souakin, Rosette, Aboukir, El-Wich ([1]), Kosseir, Brullos, El-Arich.

Il est à remarquer que l'année 1874 a fourni le tonnage maximum au mouvement de la navigation internationale et de cabotage (9.648.941); le minimum se rencontre en 1873 (8.088.902).

La moyenne annuelle du tonnage pour ces cinq années a été de 8.894.436, ce chiffre a été dépassé en 1874, 1876 et 1877; tandis que dans les années 1873 et 1875 il n'a pas été atteint.

Les navires que nous avons indiqués ne sont pas tous entrés ou sortis en libre pratique; le petit tableau qui suit fera connaître les exceptions.

NAVIRES EN OBSERVATION, EN QUARANTAINE, OU EN RELACHE FORCÉE.

Tableau XXXVIII.

Années	En observation	En quarantaine	En relache forcée
1873	. .	437	34
1874	2	381	23
1875	56	487	4
1876	. .	150	4
1877	47	38	1
Totaux 105		1493	66

Le mouvement des équipages, pour l'entrée et la sortie de la navigation internationale et de cabotage, se résume comme ci-après :

NOMBRE DES ÉQUIPAGES ENTRÉS ET SORTIS.

Années	Équipages
1873	396.815
1874	488.921
1875	524.637
1876	506.758
1877	441.269
Total	2.358.400

([1]) Rade quarantenaire qui ne devrait véritablement pas figurer dans le mouvement de la navigation·

De même dans cette période, le mouvement des passagers civils et militaires et des pélerins a été le suivant :

ENTRÉES ET SORTIES DES PASSAGERS EN EGYPTE DE 1873 A 1877.

Tableau **XXXIX.**

	PASSAGERS				Pélerins	Total
Années	Civils		Militaires			
	Pour le pays	En transit	Egytiens	Etrangers		
1873	104857	90669	10371	127309	72775	315312
1874	80384	81183	6839	103619	79453	270295
1875	63938	83498	53285	88975	88830	295028
1876	52447	82309	67346	85882	120020	325695
1877	52547	90012	19317	92984	95925	260573
Totaux....	354173	427671	157158	498769	456803	1466903

Nous allons compléter ce chapitre par les sinistres maritimes survenus pendant ces mêmes cinq années dans les eaux égyptiennes.

Tableau **XL**

SINISTRES MARITIMES SURVENUS DE 1873 DANS LES EAUX EGYPTIENNES A 1877.

Tableau XI.

CIRCONSTANCES DU SINISTRE			DÉSIGNATION		DU BATIMENT				RESULTAT DU SINISTRE	
Date	Lieu	Nature et Cause	Genre	Nom	Pavillon	Tonnage	Equipage	Hommes perdus	Sort du navire et du chargement	Valeur des pertes et observations
1873 Février 18	Damiette "derrière le phare"	Ensablement pendant le jour à la suite d'une tempête.	Goëlette	Elpis	Grec	32	7	..	Navire entièrement perdu. On a sauvé son chargement composé de diverses marchandises ainsi qu'une partie des agrès du bâtiment.	Pertes inconnues
Mars 24	Alexandrie " dans le boghaz "	Ensablement pendant le jour à la suite d'une tempête.	Saccolera	Mabrouka	Ottoman	32	6	..	Navire perdu en entier. On a pu sauver une partie du chargement composé de houille.	..
Mai 2	Port-Saïd "à la plage ouest du port".	Echouement pendant la nuit par suite de fausse route.	Brick	San-Nicolas	Ottoman	150	13	..	Navire totalement perdu. Bois à brûler composait son chargement.	..
Juin 28	Suez "Zetie"	Echouement occasionné par le courant qui a emporté le navire.	Vapeur	Tromp	Hollandais	1960	442	..	A été sauvé. Chargement a subi quelques avaries.	..
Août 18	Damiette "ras-el-bahr côte" nord-ouest	Naufrage pendant le jour à la suite d'une tempête.	Bottane	Mabrouka	Ottoman	10	7	..	Bâtiment perdu. Cargaison de pastèques sauvée en partie.	..
Septembre 19	Suez " ras-garib "	Echouement par suite de fausse navigation.	Vapeur	Dhoolia	Anglais	1726	133	..	Navire sauvé ainsi que son chargement composé de diverses marchandises.	..
id. 23	à 180 milles de Damiette	Coulé à fond pendant la nuit par suite d'une voie d'eau.	Brick	Mabrouka	Ottoman	120	12	..	Perdu en totalité. Était sur lest.	..
Octobre 14	Port-Saïd " avant-port "	Abordage de nuit par le vapeur anglais *Coution*.	Brick	Cassiani	Ottoman	75	11	2	Perdu corps et biens. Chargement de pierres.	..
id. 15	Port-Saïd "lat. 33° 17, long. 26° 10 E"	Abordage de nuit par le transport anglais *Séraphis*.	Schooner	Valery Jean	Français	192	7	1	Entièrement perdu. Chargement de blé.	..
id. 23	Brullos "dans le bogaz"	Ensablement pendant le jour à la suite d'une tempête.	Germe	....	Egyptien	75	8	..	Entièrement perdu. Chargement de charbon et de machines.	..
Novembre 8	Damiette "derrière le phare"	Naufragé pendant le jour à la suite d'une tempête.	Saccolera	Mabrouka	Ottoman	35	7	..	Complétement perdu. Une partie du chargement composé de diverses marchandises a été sauvée.	..
Décembre 20	Alexandrie "coté ouest dans le Boghaz"	Coulé à fond de nuit en suite d'une tempête.	Brick	Haërie	Ottoman	128	28	13	Totalement perdu. Était chargé de couleurs et matériaux pour peinture.	..
id. 20	Alexandrie "coté est sur le récif dit *Poiere*"	Echouement de jour à la suite d'une tempête.	Bombarde	Mabrouka	Ottoman	75	8	2	Navire perdu. Une partie de la cargaison de houille a été sauvée.	Un homme a été noyé en portant secours au navire.

SINISTRES MARITIMES SURVENUS DE 1873 DANS LES EAUX EGYPTIENNES A 1877.

Tableau XL.

Tableau XL.

CIRCONSTANCES DU SINISTRE			DÉSIGNATION		DU BATIMENT				RESULTAT DU SINISTRE	
Date	Lieu	Nature et Cause	Genre	Nom	Pavillon	Tonnage	Equipage	Hommes perdus	Sort du navire et du chargement	Valeur des pertes et observations
1874 Janvier 9	Damiette "Dans le Boghaz"	Echouement de nuit sur les bas-fonds.	Bombarde	Mabrouka	Ottoman	60	6	..	Navire entièrement perdu. Son chargement se composait de graines de coton.	Pertes inconnues
id. 24	Brullos "Rade de"	Naufrage pendant le jour à la suite d'un coup de vent.	Germe	....	Egyptien	32 ½	8	..	La Germe et son chargement de graines de coton entièrement perdus.	..
id. 27	Brullos "Rade de"	Sombré de jour à la suite d'une tempête.	id.	....	id.	14	6	..	La Germe et son chargement composé de diverses marchandises entièrement perdus.	..
Février 7	Suez "Nazazat"	Naufrage dans la nuit pour cause de variation de la boussole.	Vapeur	Firenze	Italien	689	26	..	Perdu corps et biens. Cargaison de diverses marchandises.	..
id. 18	Damiette "dans le Boghaz"	Echouement de jour sur les bas-fonds.	Bombarde	Mabrouka	Ottoman	55	6	..	Navire et chargement de graines de coton entièrement perdus.	..
Mars 9	Brullos "Boghaz de"	Echouement de jour par suite d'une tempête.	Germe	....	Egyptien	33	5	.	Germe et sa cargaison de charbon totalement perdues.	..
Avril 13	Suez "Golfe de"	Echouement occasionné pendant le jour par le courant qui a entraîné le navire sur les bas-fonds.	Vapeur	....	Hollandais	1549	66	.	Bâtiment sauvé ainsi que son chargement se composant de diverses marchandises qui ont été avariées quelque peu.	..
Mai 1	Damiette	Coulé à fond pendant la nuit à la suite d'une tempête.	Germe	....	Egyptien	41 ½	6	5	Perdu corps et biens. Cargaison de charbon.	..
Juin 3	Brullos "à l'entrée du Boghaz"	Naufrage de jour par suite d'un coup de vent.	Bottane	Chloen	Ottoman	10	5	..	Navire sauvé. Chargement d'orge complétement perdu.	..
id. 3	Port-Saïd "sur les rochers du Môle O."	Echouement pendant la nuit à la suite d'une fausse route.	Germe	Nafisa	Egyptien	90	10	..	Germe et cargaison de charbon totalement perdues.	..
id. 4	Damiette "6 kilom. à l'Est de"	Ensablement de nuit sur les bas-fonds.	Vapeur	Burgos	Anglais	1180 ?	..	..	Vapeur a pu être renfloué et a continué sa route vers Alexandrie sans avaries.	Aucunes pertes
id. 16	El-Arich "Gazia"	Coulé à fond pendant le jour par suite d'une voie d'eau occasionnée par le mauvais temps.	Bottane	Assal-Kerim	Ottoman	6	5	..	Navire et cargaison de légumes entièrement perdus.	Pertes inconnues

SINISTRES MARITIMES SURVENUS DANS LES EAUX EGYPTIENNES DE 1873 A 1874.

Tableau XL.

CIRCONSTANCES DU SINISTRE			DÉSIGNATION		DU BATIMENT				RÉSULTAT DU SINISTRE	
Date	Lieu	Nature et Cause	Genre	Nom	Pavillon	Tonnage	Équipage	Hommes perdus	Sort du navire et du chargement	Valeur des pertes et observations
1874 Juin 19	Port-Saïd "plage O."	Echouement de jour à la suite d'un temps brumeux.	Barque	Lidia	Italien	531	14	..	Navire a pu être sauvé. Une partie de la cargaison de charbon a été perdue.	Pertes inconnues.
id. 27	Brullos "Boghaz"	Chaviré pendant le jour à la suite d'un coup de vent.	Germe	El-Rascidi	Egyptien	15	17	..	Navire a été sauvé. Était sur lest.	..
Juillet 2	Damiette "Boghaz"	Echouement de jour sur les bas-fonds.	Germe	Saïda	Egyptien	33	4	..	Navire et cargaison de charbon perdus.	..
id. 12	Brullos "Boghaz"	Submersion de jour à la suite d'une forte mer.	Germe	AhmedBascia	Egyptien	10	6	..	Navire sauvé. Chargement de graines perdue.	..
id. 12	Suez "Abouterage"	Abordage de nuit par une autre navire.	Vapeur	Wyberton	Anglais	714	30	..	Vapeur et cargaison de marchandise diverses totalement perdus.	..
id. 12	Aboukir "côte d'"	Naufrage pendant la nuit par suite de négligence.	Bombarde	Andrea	Ottoman	110	10	..	Navire et cargaison de fruits entièrement perdus.	..
id. 20	Aboukir "70 milles en mer de la côte"	Submersion de nuit par suite d'une voie d'eau.	Brick	Teta-el-Cher	Ottoman	115	10	..	Navire et chargement de bois perdus.	..
Septembre 17	Damiette "Boghaz"	Naufrage pendant la nuit par suite de la perte du gouvernail et d'une forte mer.	Germe saccolèva	Mabrouka	Ottoman	20	11	2	Navire chargé de diverses marchandises, perdu corps et biens.	Les 2 hommes noyés étaient des passagers.
id. 26	Damiette "Boghaz"	Echouement pendant la nuit sur les bas-fonds en suite d'une tempête.	Bombarde	Mabronka	Ottoman	50	12	..	Navire et sa cargaison de pastèques entièrement perdus.	..
Octobre 10	Suez "Abouterage"	Ensablement de nuit sur les bas-fonds.	Vapeur	Glenorn	Anglais	1370	44	..	Vapeur a été sauvé ainsi que son chargement de marchandises diverses qui a eu quelques avaries.	Pertes inconnues.
id. 14	Souakin "Schiab-el-Ram"	Naufrage pendant la nuit par suite d'un coup de vent.	Sacolenk	El-Raveni	Ottoman	34	16	..	Navire et cargaison totalement perdus.	..
id. 16	Brullos "Boghaz"	Echouement pendant la nuit en suite d'une forte mer.	Germe	El-Emari	Egyptien	25	12	..	Navire été brisé. Cargaison de bois a pu être sauvée.	..
Novemb. 2	Brullos "Rade de"	Echouement pendant la nuit à la suite d'une tempête.	id.	Ali-Mohoja	Egyptien	36	4	..	Navire a pu être sauvé; il était sur lest.	..
Décembre 5	Damiette "3 milles du Boghaz"	Submersion de nuit à la suite d'un coup de vent.	id.	Lascial	Egyptien	27	7	6	Navire et cargaison de charbon entièrement perdus.	..

SINISTRES MARITIMES SURVENUS
DE 1873

Tableau XI.

DANS LES EAUX EGYPTIENNES
A 1877.

Tableau XI.

CIRCONSTANCES DU SINISTRE			DÉSIGNATION		DU BATIMENT			RESULTAT DU SINISTRE		
Date	Lieu	Nature et Cause	Genre	Nom	Pavillons	Tonnage	Equipage	Hommes perdus	Sort du navire et du chargement	Valeur des pertes et observations
1874 Décembre 12	Damiette "hors du boghaz"	Coulé à fond en suite d'un ensablement sur les bas-fonds.	Germe	Balawem	Egyptien	25	5	—	Navire et chargement de charbon perdus totalement.	Pertes inconnues
id. 30	Alexandrie "40 milles de distance d'Alexandrie à la place dite Ras-el-Rum"	Submersion à la suite d'une forte mer.	Vapeur	Despatch	Anglais	1200 ?	22	..	Vapeur et cargaison de charbon entièrement perdus.	..
id. 30	Alexandrie "dans le boghaz"	Naufrage à la suite d'une tempête.	Barque	Cesare	Italien	320	12	9	Navire et cargaison de charbon entièrement perdus.	..
1875 Janvier 10	Aboukir " côte d' "	Ensablement dans la nuit à la suite d'une tempête.	Brick	...	....	370	12	2	Navire a été perdu. De sa cargaison composée de marchandises diverses on a pu sauver une partie.	..
Mars 2	Brullos " Rade de "	Naufrage pendant la nuit par suite de mauvais temps.	Germe	Desughi	Egyptien	107	4	..	Germe et chargement de maïs perdus totalement.	..
id. 27	Damiette "Astum Gamal"	Submersion pendant le jour à la suite d'une tempête.	id.	id.	....	20	2	1	Totalement perdu ; était sans chargement.	
Mai 14	Damiette "hors du boghaz"	Ensablement volontaire de nuit pour sauver l'équipage, le navire faisant beaucoup d'eau.	Brick	Delhila	Ottoman	218	13	..	Navire entièrement perdu. On a pu sauver une partie du chargement composé de charbon et de pierres.	..
Juin 15	Damiette "à 10 kilom. à l'E. du Phare."	Ensablement de nuit sur les bas-fonds.	Vapeur	Ferdinand	Belge	1118	32	..	On a pu renflouer le vapeur qui a continué sa route vers Port-Saïd sa destination.	Aucuns dommages
Septembre 25	El-Arich " côte d' "	Naufrage dans la nuit par suite d'incendie à bord.	Brick	Yugostar	Autrichien	280	7	..	Navire entièrement perdu ; il était sur lest.	

SINISTRES MARITIMES SURVENUS
DE 1875

Tableau XL.

DANS LES EAUX EGYPTIENNES
A 1877.

Tableau XL.

CIRCONSTANCES DU SINISTRE			DÉSIGNATION		DU BATIMENT				RESULTAT DU SINISTRE	
Date	Lieu	Nature et Cause	Genre	Nom	Pavillon	Tonnage	Equipage	Hommes perdus	Sort du navire et du chargement	Valeur des pertes et observations
1875 Septembre 26	Damiette "hors le boghaz"	Naufrage dans la nuit par suite de la perte du gouvernail et du mauvais temps.	Germe	Roderi	Egyptien	96	10	—	Navire et cargaison de pierres perdus.	Pertes inconnues
Novembre 15	Damiette "hors du boghaz"	Ensablement dans la nuit par suite de la tempête.	Germe	—	id.	95	5	—	Germe et chargement de charbon de terre ont pu être sauvés.	..
1876 Février 4	Aboukir	Ensablement dans la nuit par suite de négligence.	Germe	--	Egyptien	26 1/4	4	—	Germe et cargaison de pierres totalement perdues.	..
Avril 7	Brullos	Naufrage dans la nuit par suite du mauvais temps.	id.	--	id.	28 1/4	6	—	Germe brisée sur les rochers. Cargaison de charbon entièrement perdue.	..
Juin 22	Suez " 354 milles de Suez place Halali"	Naufrage par suite de la variation de la boussole.	Vapeur	Duranew	Anglais	1806	—	—	Détails nous manquent sur le sort du navire et de son chargement ainsi que sur son équipage.	..
Juillet 6	Damiette " hors le Boghaz"	Ensablement dans la nuit par suite d'une forte mer.	Germe	—	Egyptien	89	8	—	Le gouvernail de la germe ayant été brisé, elle fut jetée sur la terre par la tempête et totalement perdue, ainsi que sa cargaison qui était de charbon.	..
Septembre 25	Suez " près du Phare de Delias"	Naufrage par suite de la variation de la boussole.	Vapeur	Zeilot	Anglais	1021	—	--	Les détails sur le sort du vapeur et de sa cargaison ne nous sont pas parvenus.	..
Octobre 15	Damiette "hors le Boghaz"	Ensablement dans la nuit par suite d'une forte mer.	Germe	—	Egyptien	85	8	—	Germe et sa cargaison de charbon entièrement perdus.	..

SINISTRES MARITIMES SURVENUS DE 1873 DANS LES EAUX EGYPTIENNES A 1877.

Tableau XI.

CIRCONSTANCES DU SINISTRE			DÉSIGNATION		DU BATIMENT				RESULTAT DU SINISTRE	
Date	Lieu	Nature et Cause	Genre	Nom	Pavillons	Tonnage	Équipage	Hommes perdus	Sort du navire et du chargement	Valeur des pertes et observations
1876 Novembre 1	Brullos "Rade de"	Naufrage dans la nuit par suite d'une tempête.	Germe	Escia	Egyptien	25	10	—	Perdu totalement avec sa cargaison de pierres.	Pertes inconnues
Décembre 30	Aboukir "Rade d'"	Naufrage dans la nuit pour cause de négligence.	id.	—	id.	26	4	—	Perdu entièrement ainsi que son chargement de pierres.	..
1877 Février 12	Damiette "Boghaz"	Ensablement dans la nuit sur les bas-fonds,	Bombarde	Massandi	Ottoman	41	5	—	Navire, s'est échoué sur les bas-fonds. Les agrès, une portion de sa carène et une partie du chargement de diverses marchandises ont pu être sauvés.	..
„ 17	Aboukir "El-Kara"	Ensablement pendant le jour par suite d'une forte mer.	Schooner	Evangelistria	Grec	52	5	—	On est parvenu à renflouer le navire, qu'on a sauvé ainsi que sa cargaison composée de tabac.	Il avait à bord plusieurs passagers dont le nombre exact nous est inconnu.
„ 21	Sonakin "Sur le banc Arabiah de la Saline de Dawa"	Naufrage pendant la nuit en suite d'un coup de vent.	Sambouk	Mettichal	Ottoman	30	7	—	Navire perdu en entier; était chargé de diverses marchandises de contrebande.	..
„ 23	Sonakin " Sur Marza Saleh entre Sonakin et Massawa "	Naufrage pendant la nuit à la suite d'une tempête.	id.	Tetelbari	id.	20	10	—	Navire et sa cargaison de bois de construction ont été totalement perdus.	..
Mars 10	Suez "à 64 milles de Suez près du phare de Zaffarum"	Naufrage par suite d'un incendie qui s'est déclaré à bord.	Vapeur	Latif	Egyptien	—	465	20	Vapeur totalement perdu. Le sauvetage des militaires qu'il y avait à bord et de l'équipage fut opéré par le vapeur anglais *Agra.*	Ce vapeur appartenait au Gouvernement Egyptien et faisait le service du transport des troupes Egyptiennes entre Massawa et Suez.
Avril 10	Brullos "Rade de"	Naufrage dans la nuit par par suite d'une forte mer.	Saccolera	—	Ottoman	19	5	—	La Saccolera et sa cargaison de fruits et autres marchandises totalement perdues.	

SINISTRES MARITIMES SURVENUS
DE 1873

Tableau XI.

CIRCONSTANCES DU SINISTRE			DÉSIGNATION		DU BATIMENT				RESULTAT DU SINISTRE	
Date	Lieu	Nature et Cause	Genre	Nom	Pavillon	Tonnage	Équipage	Hommes perdus	Sort du navire et du chargement	Valeur des pertes et observations
1877 Avril 18	Aboukir "Rocher Solumus"	Ensablement dans le jour par suite de la perte du gouvernail.	Germe	—	Egyptien	31 ¼	3	--	Germe et son chargement de pierres entièrement perdus.	Pertes inconnues
" 27	Brullos " Rade de "	Naufrage à la suite du mauvais temps.	Saccolera	—	id.	109	6	—	Navire et sa cargaison de graisse et de coton totalement perdus.	..
Septbre 26	Brullos " Rade de "	Naufrage dans la nuit par suite d'un coup de vent.	Germe	—	id.	120	6	—	Navire perdu entièrement avec son chargement de charbon.	..
Octobre 12	Damiette " Boghaz "	Ensablement pendant la nuit par suite d'une tempête.	id.	Massand	id.	79 ¼	7	—	Navire perdu. On a pu sauver les agrès et la cargaison qui était composée de charbon.	..
" 23	Damiette " Boghaz "	Ensablement dans la nuit par suite d'une forte mer.	Saccolera	Mabrouka	Ottoman	45	7	—	Navire entièrement perdu. La plus grande partie de son chargement de gaz a pu être sauvée.	..
" 27	Damiette "hors du Boghaz"	Submersion pendant le jour à la suite d'une tempête.	Germe	—	Egyptien	38	4	—	Le navire et sa cargaison de bois ont été perdus en entier.	..
" 27	Aboukir " N. E. "	Naufrage arrivé de jour pour cause d'une forte mer.	id.	—	id.	76	6	—	Navire perdu corps et biens.	
" 28	Damiette " Boghaz "	Ensablement pendant la nuit à la suite d'une tempête.	Brick	Andalla	Ottoman	233	11	—	Le brick et sa cargaison toute entière furent perdus.	..
Décembre 6	Suez " près du Phare de Sciaraffi "	Ensablement par suite de fausse route.	Vapeur	Good-Hope	Anglais	1018	253	—	Le vapeur a pu être renfloué et à continué sa route sur Djedda.	..
" 16	Alexandrie "70 milles d'Alexandrie sur la côte ras-Abduralenum"	Naufrage pendant la nuit à la suite d'une forte mer.	Brick	Evangelistria	Grec	180	--	—	Navire et sa cargaison de tabac ont été perdus entièrement. L'équipage a pu se sauver.	..
" 29	Souakin "entre Souakin et Massawa sur le banc Kungli"	Naufrage pendant la nuit par suite d'une forte mer.	Sambouk	Marzuch	Ottoman	20	8	—	Navire perdu complètement. Il était sur lest.	Les personnes se trouvant à bord ont été sauvées par un autre sambouk ottoman appelé *Posta.*

Nous croyons qu'il sera intéressant de résumer dans un tableau récapitulatif par mois tous les sinistres maritimes survenus dans les eaux égyptiennes dans la période que nous envisageons.

SINISTRES MARITIMES.

RÉCAPITULATION PAR MOIS.

Tableau XLI.

MOIS	PAVILLONS	BATIMENTS NAUFRAGÉS — TOTAL — Nombre.	TOTAL — Tonnage	PAR LA FORCE DU TEMPS — Perdus. — Nombre.	PAR LA FORCE DU TEMPS — Perdus. — Tonnage	PAR LA FORCE DU TEMPS — Sauvés. — Nombre.	PAR LA FORCE DU TEMPS — Sauvés. — Tonnage	PAR D'AUTRES CAUSES — Perdus. — Nombre.	PAR D'AUTRES CAUSES — Perdus. — Tonnage	PAR D'AUTRES CAUSES — Sauvés. — Nombre.	PAR D'AUTRES CAUSES — Sauvés. — Tonnage	Hommes Perdus.
Janvier	National	2	46½	2	46½	--	----	--	----	--	----	2
	Etranger	2	410	2	410	--	----	--	----	--	----	
Février	National	1	26¼	--	----	--	----	1	26¼	--	----	
	Etranger	7	929	5	188	1	52	1	689	--	----	
Mars	National	4	63¾	3	63¾	--	----	1	?[1]	--	----	20
	Etranger	1	32	1	32	--	----	--	----	--	----	
Avril	National	3	168½	2	137¼	--	----	1	31¼	--	----	
	Etranger	2	1568	1	19	--	----	--	----	1	1549	
Mai	National	1	41½	1	41½	--	----	--	----	--	----	6
	Etranger	2	368	--	----	--	----	2	368	--	----	
Juin	National	2	105¾	--	----	1	15¾	1	90	--	----	
	Etranger	7	6545	1	6	2	541	--	----	4	5998	
Juillet	National	2	45	--	----	1	11	1	34	--	----	
	Etranger	4	1028	1	89	--	----	3	939	--	----	
Août	National	--	----	--	----	--	----	--	----	--	----	
	Etranger	1	10	1	10	--	----	--	----	--	----	
Septembre	National	2	216	2	216	--	----	--	----	--	----	
	Etranger	6	3217	2	70	--	----	3	1421	1	1726	2
Octobre	National	6	379	6	379	--	----	--	----	--	----	
	Etranger	6	1956	3	316	--	----	2	270	1	1370	4
Novembre	National	3	156	1	25	2	131	--	----	--	----	
	Etranger	1	35	1	35	--	----	--	----	--	----	
Décembre	National	3	79	2	53	--	----	1	26	--	----	6
	Etranger	7	2941	6	1923	--	----	--	----	1	1018	24
Total des années 1873, 1874, 1875, 1876, 1877.	National	29	1327¼	19	962	--	157¾	5	207½	--	----	32
	Etranger	46	19039	24	3098	--	593	11	3687	8	11661	32
	Total général	75	20366¼	43	4060	7	750¾	16	3894½	8	11661	64

N. B. Dans les données ci-dessus se trouvent quelques lacunes résultant de ce que les détails pour quelques-uns de ces naufrages ne nous sont pas parvenus ; c'est pourquoi nous prions le lecteur de vouloir bien consulter l'état détaillé qui précède cette récapitulation.

[1] Voir les détails concernant le vapeur "*Latif*" dont le tonnage nous manque.

V.

POSTES.

I.

POSTES.

Les postes, cet immense facteur des échanges, ce puissant levier de communication de notre pensée, de nos études et de nos progrès, fonctionnent depuis bon nombre d'années déjà en Egypte.

Notre administration postale, l'une des administrations les plus importantes de ce pays, a particulièrement été remarquée aux séances des congrès internationaux des postes et les louanges d'hommes compétents et de personnes influentes, versées dans la matière, ne lui ont pas été épargnées.

Pour nous, en présence d'une administration aussi régulièrement tenue, et pourvue d'un aussi bon fonctionnement, notre tâche devient facile par l'exactitude et la précision remarquables des données que nous en avons obtenues sur notre demande et que nous nous empressons de publier.

Nous avons choisi et classé ces informations dans un certain ordre ayant pour but de rendre plus intéressante la lecture de ce texte ; nous ajouterons que, pour ce chapitre seul, nous nous sommes départis de la réserve que nous avons dû nous imposer dans les précédents, à savoir de laisser de côté les provinces annexées ; nous en expliquons ici le motif :

En premier lieu, les renseignements que nous tenons de l'administration des Postes Egyptiennes, comprenant dans leur ensemble les nouvelles provinces, nous ont permis, par suite de leur exactitude, de faire figurer celles-ci dans quelques-uns de nos tableaux ; en second lieu, nous n'avons pas perdu de vue, avant tout, que nous écrivons ici un livre statistique pour l'Egypte et que, abstraction faite de l'aridité de la matière, ce livre doit contenir dans chacune de ses parties tout ce qui peut servir aux intérêts du pays. Or comme ces intérêts lient dans de notables proportions l'Egypte aux provinces annexées et y sont traités au moyen de la correspondance, nous avons cru de notre devoir de venir en aide, en quelque chose, au commerce et à l'administration postale elle-même, en faisant connaître tout ce qui se rattache, de près et de loin, à cette administration dans les provinces équatoriales.

Cela dit pour nous justifier du fait de nous être écartés, dans une certaine mesure, de la voie suivie jusqu'à présent nous allons commencer par donner dans ce premier tableau la répartition des différents bureaux de poste établis dans les provinces de l'Egypte.

BUREAUX DE POSTE DANS LES ANCIENNES PROVINCES

Tableau XLII.

PROVINCES et Gouvernorats	CHEFS-LIEUX	BUREAUX DE POSTE ÉTABLIS
Béhéra	Damanhour	Damanhour. Abou-Hommos. Atfé. Kafr-el-Dawar. Rosette. Teh-el-Baroud.
Ghisch	Ghisch	Ghisch.
Calioubich	Benha	Benha. Calioub. Chibin-el-Kanater. Toukh.
Charkich	Zagazig	Zagazig. Minia-el-Gamh. Tell-el-Kebir. Bilbès.
Menoufich	Chibin-el-Kom	Chibin-el-Com. Birket-el-Sabh. Menouf.
Gharbich	Tantah	Tantah. Coddaba. Kafr-el-Zayat. Mehallet-el-Koubra. Mehallet-Rohh. Samanoud. Chirbin. Dessouk. Zifta.
Dakahlich	Mansourah	Mansourah. Damiette.
Beni-Souef	Beni-Souef	Béni-Souef.
Fayoum	Fayoum	Fayoum.
Minia	Minia	Minia. El-Fachne. Maghagha.
Assiout	Assiout	Assiout. Manfalout. Mallawi. Rodah.
Ghirga.	Sohâg	Ghirga. Sohâg.
Kéna	Kéna	Kéna. Luxor.
Esna	Esna	Esna. Assouan. Korosko. Wadi-Halfa.
Alexandrie		Alexandrie (direction générale).
Caire		Caire.
Port-Saïd		Port-Saïd.
Suez		Suez.

Tous ces bureaux sont mis en communication avec les autres bureaux établis dans les provinces annexées, c'est-à-dire ceux qui fonctionnent en dehors de l'Egypte proprement dite, ce sont ceux de .

1	Berber	8	Kassala
2	Dongola	9	Khartoum
3	Facher	10	Massawa
4	Fachouda	11	Moussalamieh
5	Fazoglou	12	Obeïd
6	Gadaref	13	Souakin
7	Karkough	14	Sennar

Outre ces bureaux de poste, il existe encore dans ces dernières provinces de petits bureaux ou simples agences de distribution qui ne sont pas admis à l'échange d'objets recommandés.

Nous donnons ci-après la liste de ces bureaux postaux qui sont au nombre de quinze:

1	Abou-Hamed	dépendant du Bureau de		Berber
2	Amedib	„	„	Kassala
3	Chaka	„	„	Obeïd
4	Dara	„	„	Facher
5	Debba	„	„	Dongola
6	Fodja	„	„	Obeïd
7	Gallabat	„	„	Kassala
8	Halfaie	„	„	Khartoum
9	Kobkabich	„	„	Facher
10	Kana	„	„	Khartoum
11	Kobe	„	„	Facher
12	Kolkol	„	„	Facher
13	Matammah	„	„	Berber
14	Om Dorman	„	„	Khartoum
15	Senekit	„	„	Massawa

Nous avons également obtenu de très-intéressantes informations pour le monde des affaires sur les distances qui séparent les principaux bureaux de poste, ainsi que sur le temps mis par une lettre à franchir ces distances. Tel sera l'objet des deux tableaux suivants:

DISTANCES EN KILOMÈTRES ENTRE LES PRINCIPAUX BUREAUX DES ANCIENNES PROVINCES
ET DES PROVINCES ANNEXÉES.

Tableau XLIII.

ALEXANDRIE

206	CAIRE					
356	234	PORT-SAID				
575	375	609	ASSIOUT			
369	247	171	622	SUEZ		
1275	1075	1309	700	1322	KOROSCO	
2231	2025	2259	1650	2272	950	KHARTOUM
3151	2945	3179	2570	3192	1870	920	FACHER

TEMPS EMPLOYÉ PAR LES DÉPÈCHES POSTALES A PARCOURIR LES DISTANCES INDIQUÉÉS DANS LE TABLEAU PRÉCÉDENT, Y COMPRIS LES ARRÊTS AUX POINTS DE BIFURCATION.

Tableau XLIV.

ALEXANDRIE

1 ½ Tr. Express / 6 Tr. Omnibus.							
CAIRE							
20 h^s	13 h^s	PORT-SAID					
22	12	40 h^s	ASSIOUT				
11 ½	11 ½	15 ½	36 h^s	SUEZ			
238	228	256	216	252 h^s	KOROSCO		
550	540	568	528	564	312 h^s	KHARTOUM	
738	728	756	716	752	500	288 h^s	FACHER

Pour compléter ces informations, nous pensons qu'il ne serait pas sans intérêt de faire connaître quels sont les moyens de transport des correspondances, soit par voie de terre soit par voie de mer. Nous en faisons mention dans les deux tableaux suivants:

MOYENS DE TRANSPORT DES CORRESPONDANCES PAR TERRE

LIGNES DESSERVIES PAR CHEMIN DE FER

Tableau XLV

BUREAUX	BUREAUX
Ligne d'Alexandrie au Caire.	*Ligne de Zifta à Tanta.*
Alexandrie	Zifta
Kafr-el-Dawar	Mahallet-Roh
Abou-Hommos	Tanta
Damanhour	*Ligne de Tanta à Dessouk.*
Teh-el-Baroud	Tanta
Kafr-el-Zayat	Mahallet-Roh
Tanta	Dessouk
Birket-el-Sab	*Ligne de Tanta à Chibin-el-Com.*
Touk	Tanta
Calioub	Chibin-el-Com
Caire	*Ligne d'Alexandrie à Assiout.*
Ligne d'Alexandrie à Rosette.	Alexandrie (Gabbari)
Alexandrie	Kafr-el-Dawar
Ramleh	Abou-Hommos
Rosette	Damanhour
Ligne du Caire à Mansourah.	Teh-el-Baroud
Caire	Caire (Boulac-Dacrour)
Calioub	Wasta
Bilbeis	Beni-Souef
Zagazig	Maghagha
Mansourah	Rodah
	Mallawi
Ligne de Benha à Suez.	Manfalout
Benha	Assiout
Minia-el-Gamh	*Ligne de Wasta-Fayoum.*
Zagazig	Wasta (simple distribution)
Tell-el-Kébir	Fayoum
Ismaïlia	
Suez	
Ligne de Tanta à Damiette.	*OBSERVATION.*
Tanta	Services de courriers payés par la contribution des négociants :
Mahallet-Roh	
Mahalla-el-Koubra	1° Tanta-Bemb
Samanoud.	2° Birket-Mélig
Mansourah (Talkha)	3° Menouf-Nader
Chirbin	
Damiette	

MOYENS DE TRANSPORT DES CORRESPONDANCE PAR TERRE (Suite).

LIGNES DESSERVIES PAR COURRIERS A PIEDS.

Tableau XLV.

(Anciennes Provinces)

1. Damanhour —Atf.
2. Kafr-el-Zayat—Coddaba.
3. Tanta—Mahallet-Roh—Mahalla-el-Koubra—Samanoud—Mansourah.
4. Birket-el-Sab —Zifta.
5. Birket-el-Sab—Gaffaria.
6. Benha Zagazig.
7. Assiout—Sohâg—Ghirga—Kéna—Luxor—Esna—Assouan—Korosco.
8. Korosco—Wady—Halfa.
9. Birket-el-Sab—Chibin-el-Com—Menouf.

LIGNES DESSERVIES PAR COURRIERS MONTÉS A DROMADAIRES.

(Anciennes Provinces)

1. Kéna, Kosseir.

Soudan.

1. Korosco, Berber, Khartoum.
2. Khartoum, Dongola, Wady-Halfa.
3. Khartoum, Moussalamieh, Gadaref.
4. Khartoum, Obeïd, Facher.
5. Moussalamieh, Sennar, Karkough, Fazoglou.
6. Khartoum, Kassala, Souakin.
7. Kassala, Massawa.
8. Khartoum, Fachouda.
9. Berber, Souakin.

MOYENS DE TRANSPORT DES CORRESPONDANCES PAR EAU

Tableau XLVI.

LIGNES FLUVIALES PAR CANOTS A VAPEUR

Canal de Suez.

Port-Saïd-Ismaïlia.

LIGNES MARITIMES PAR PAQUEBOTS

Méditerranée.

Alexandrie-Port-Saïd et les bureaux égyptiens établis à l'étranger : (Rhodes, Chio, Smyrne, Métclin, Dardanelles, Gallipoli et Constantinople.

Mer Rouge.

Suez Djeddah Souakin Massawa.

Ces préliminaires une fois établies, nous devons nous occuper du mouvement statistique postal des anciennes provinces et, pour suivre le système adopté dans ce volume, nous donnerons ce mouvement pour la période 1873-1877.

MOUVEMENT DU SERVICE POSTAL INTÉRIEUR DE 1873 A 1877

Tableau XLVII.

Années.	Lettres affranchies.	Lettres insuffisamment affranchies, ou non affranchies.	Lettres en franchise.	Lettres chargées ou recommandées, avec ou non avis de réception, avec ou non déclaration de valeur.	Journaux et imprimés.	Echantillons et papiers d'affaires.
1873	1094143	91082	554674	29046	402599	7059
1874	1105090	91195	558694	30390	432830	8000
1875	1305825	107529	685603	36899	537242	9936
1876	1463350	53120	384481	35949	412228	15270
1877	1425664	45440	410503	37044	695074	16704
Totaux....	6394072	388366	2593955	169328	2479973	56969
Moyenne quinq^{ale}	1278814	77673	518791	33865	495994	11393

Nous voyons par le tableau ci-contre que le mouvement des lettres affranchies est en augmentation, et que ce sont seulement les deux années 1873 et 1874 qui restent au-dessous de la moyenne de la période quinquennale, tandis que les autres années la surpassent toujours, bien que l'année 1877 marque une sensible diminution, relativement à l'année précédente.

Les lettres insuffisamment affranchies ou non affranchies accusent par contre une certaine différence en moins se rencontrant spécialement dans les deux dernières années 1876-1877 qui restent en arrière de la moyenne quinquennale.

Les lettres en franchises ont atteint, en 1875, un chiffre fort respectable pour baisser ensuite dans les deux années suivantes, les seules qui ne sont pas arrivées à la moyenne.

Le mouvement des lettres chargées ou recommandées s'est accru annuellement d'une manière presque continue ; seule l'année 1876 a été marquée d'une légère diminution par rapport à l'année précédente ; elle est cependant toujours supérieure aux années 1874 et 1875.

Les journaux et les imprimés, après une diminution sensible éprouvée en 1876, ont repris rapidement en 1877, de manière que le chiffre de cette année est supérieur de presque la moitié à la moyenne quinquennale.

Pour ce qui est des échantillons et des papiers d'affaires, un fort accroissement périodique se présente dans toutes les cinq années, et il s'accentue d'une manière plus prononcée en 1875 et 1876.

Mais pour se faire une idée exacte du mouvement postal, et reconnaître si les correspondances réunies sont en diminution ou en augmentation, il faut résumer, pour chaque année, les totaux des quatre premières colonnes du tableau précédent ; voici alors les résultats que nous obtiendrons :

Tableau XLVIII

Années.	Nombre de lettres.
—	—
1873	1767945
1874	1785369
1875	2135856
1876	1936900
1877	1918651
Total des cinq années....	9544721
Moyenne quinquennale....	1908944

Nous voyons par là que le mouvement postal est arrivé à son maximum en l'année 1875 et qu'il avait augmenté, en chacune des années 1873, 1874 et 1875. Les années suivantes accusent par contre une différence en moins décroissante dans chaque année.

La vente de timbres-poste dans cette période a produit les résultats suivants :

Tableau XLIX.

Années	P. Eg.
1873	2.132.736
1874	2.107.182
1875	2.443.559
1876	2.392.828
1877	2.625.042

Les chiffres de la vente ne suivent pas exactement le mouvement effectif des lettres à cause du nombre de celles qui sont en franchise, mais ils sont plus en harmonie avec le tableau du mouvement que nous avons donné à la page 106 et la somme encaissée en 1877 s'explique par la diminution des lettres en franchise, les Daïras ayant été invitées à limiter leurs anciens privilèges, ainsi que par la sensible augmentation indiquée à la cinquième colonne et par celle que l'on rencontre dans l'effectif du service international en suite de la suppression de la Poste Russe.

Passons à présent à l'examen de notre mouvement postal entre les diverses nations :

MOUVEMENT DU SERVICE INTERNATIONAL DES POSTES EGYPTIENNES
DE 1873 A 1877.

Tableau L.

Années	Lettres affranchies	Lettres insuffisamment affranchies ou non affranchies ou en franchise	Lettres recommandées	Cartes postales	Journaux et imprimés	Echantillons et papiers d'affaires	Mandats internationaux
			EXPEDITIONS.				
1873	77187	3490	4833	....	3091	459	3725
1874	96700	18850	5775	....	5525	705	4594
1875	133063	37467	7713	....	10085	1072	5437
1876	307645	20878	14878	....	34757	5561	5399
1877	276339	12925	14978	....	27548	3693	5055
Total	890934	93620	48177	....	81006	11490	24210

MOUVEMENT DU SERVICE INTERNATIONAL DES POSTES ÉGYPTIENNES (Suite).

DE 1873 A 1877.

Tableau L.

Années	Lettres affranchies	Lettres insuffisamment affranchies ou non affranchies ou en franchise	Lettres recommandées	Cartes postales	Journaux et imprimés	Echantillons et papiers d'affaires	Mandats internationaux
			RÉCEPTIONS (¹).				
1873	78394	3531	4849	. . . .	30978	1559	219
1874	98213	19144	5865	. . . .	55373	2398	270
1875	135145	38053	7833	. . . .	101075	3647	320
1876	320271	21273	11896	2267	310125	24053	316
1877	272852	22753	15493	2091	314315	7433	300
Total	904875	104754	45936	4358	811866	39090	1425

En examinant les deux mouvements d'expéditions et de réceptions, nous voyons qu'il y a chaque année, depuis 1873, une augmentation périodique qui va jusqu'en 1876 et s'arrête en 1877, année où l'on constate une diminution.

Réunissant le mouvement des lettres, nous obtenons les chiffres suivants:

Tableau LI.

Années	Expéditions	Réceptions	Ensemble
—	—	—	—
1873	85510	86774	172284
1874	121325	123222	244547
1875	178243	181031	359274
1876	343401	353440	696841
1877	304242	311098	615340
Total des cinq années	1032721	1055565	2088286
Moyenne quinquennale	206544	211113	417657

(¹) Les données exactes pour les réceptions nous ont manqué en ce qui concerne les années 1873, 1874 et 1875, l'administration des Postes ne les possédant pas. Nous les avons extraites de calculs proportionnels que nous avons dû faire pour pouvoir établir les considérations qui suivent, bien sûrs qu'ils ne s'éloigneront que de peu des chiffres réels.

Nous regrettons de ne pouvoir donner ici le mouvement des postes étrangères qui fonctionnent en Egypte. Les notes que nous serions à même de nous procurer à cet égard, seraient des renseignements statistiques fort incomplets. Quelques-unes seulement des postes étrangères dressent une statistique spéciale à leurs bureaux d'Egypte, d'autres ne font que prendre des notes statistiques qui sont remises à leurs gouvernements respectifs; nous nous occuperons donc seulement des postes Egyptiennes et nous examinerons de quel rapport est la circulation des lettres à la population du pays.

La moyenne du mouvement à l'intérieur pour la période 1873-1877 est, comme nous l'avons vu, de... 1.908.944

celle à l'étranger étant de... 417.657

nous aurons donc une moyenne d'ensemble de 2.326.601

qui nous donne le chiffre d'un mouvement de 0, 42 lettre par habitant.

Ce chiffre place notre mouvement épistolaire au-dessous de tous les pays d'Europe, à savoir: de la Suisse, qui a un mouvement de 20,8 lettres par habitant; des Pays-Bas (14,8); de l'Allemagne (14); de la Belgique (13,4); de la France (11,8); du Danemark (9,8); de l'Autriche (9); de la Suède (5,5); de l'Espagne et de l'Italie (5); de la Norwège et de la Hongrie (4,5) du Pourtugal (3); de la Grèce (1,8); de la Roumanie (1,2); et de la Russie (0,8.)

Pour compléter notre statistique postale, nous allons passer à l'examen du mouvement du Numéraire à l'intérieur de l'Egypte dans la période dont nous nous occupons.

MOUVEMENT DU NUMÉRAIRE

DANS LES BUREAUX DES POSTES ÉGYPTIENNES DE 1873 A 1877

Tableau LII.

Années.		Mandats.	Groups d'or, d'argent et mixtes.	Objets de valeur.	Groups transportés par les voyageurs.	Contraventions.	Numéraire en souffrance (¹)
1873	Nombre......	14397	25684	98	730	32	,,
	Valeur P. E.....	23715691	1523619188	1421389	28576255	1076904	,,
	Droit ,, ...	,,	,,	,,	,,	,,	10140
1874	Nombre.........	15874	28292	72	557	22	671
	Valeur P. E.....	24410207	1442956996	651983	30538787	192018	,,
	Droit ,, ...	118527	558397165	1657	47288	9636	11070

(¹) Le numéraire en souffrance est celui qui n'est pas retiré dans le temps prescrit par les règlements. Dans cette colonne ne sont par conséquent enregistrés que les droits supplémentaire perçus.

MOUVEMENT DU NUMÉRAIRE

DANS LES BUREAUX DES POSTES ÉGYPTIENNES DE 1873 A 1877 (Suite).

Tableau LII.

Années.		Mandats.	Groups d'or, d'argent et mixtes.	Objets de valeur.	Groups transportés par les voyageurs.	Contraventions.	Numéraire en souffrance (¹)
1875	Nombre	17830	32218	71	559	63	622
	Valeur P. E.	25324388	1611267205	486207	25521446	991199	,,
	Droit	127205	4050216	1594	62034	20398	10545
1876	Nombre	17418	33999	145	554	41	699
	Valeur P. E.	22884328	992428957	969508	33148144	1019833	,,
	Droit	117984	2809731	2952	95313	22295	13500
1877	Nombre	20149	30189	119	429	182	939
	Valeur P. E.	24248437	1160570348	819057	22358957	3954907	,,
	Droit	132321	3068461	2466	59783	90031	15710
Total des valeurs		120613051	6729081795	4387244	140246589	7234861	,,

Voyons maintenant l'ensemble de ce mouvement, d'après l'importance des sommes qui ont été mises en circulation dans chacune de ces cinq années.

Tableau LIII.

Numéraire et objets de valeur	1873	1874	1875	1876	1877
Mandats	23715691	24440207	25324388	22884328	24248437
Groups d'or, d'argent et mixtes	1523619188	1442096096	1611267206	992428957	1160570348
Objets de valeur	1421389	691083	486207	969508	819057
Groups transportés par les voyageurs	28576255	30638787	25524446	33148144	22358957
Contraventions	1076904	192018	991199	1019833	3954907
TOTAUX	1578409427	1498058191	1663593446	1050450770	1211951706

La moyenne annuelle de ces cinq années a donc été de francs 1.400.492.708 et ce sont les années 1873, 1874 et 1875 qui l'ont surpassée, tandis qu'elles autres s'en sont tenues au-dessous.

(¹) Voir a note ci-contre

VI.

AGRICULTURE.

VI.
AGRICULTURE.

Population.

Nous avons donné dans le premier chapitre de cet ouvrage la population de l'Egypte par Gouvernorats et Moudirichs : nous allons maintenant la donner par Markazes Kesms et Bandars en la distingant par professions.

Le lecteur voudra bien nous pardonner cette répétition à laquelle nous sommes en quelque sorte amenés, car la population ainsi divisée nous servira de terme de comparaison pour rendre plus claires dans leurs diverses appréciations, les informations que nous allons donner sur la superficie des terrains, sur les animaux utiles à l'Agriculture, et sur les arbres, etc.

Le dénombrement de la population ainsi établi facilitera les comparaisons à faire lorsque nous publierons les tableaux des produits agricoles qui seront l'objet de la seconde partie de ce travail.

POPULATION DES GOUVERNORATS
A LA DATE DU 31 DÉCEMBRE 1877.

Tableau LIV.

VILLES	Classes religieuses.	Professions diverses	Cultivateurs.	Total des hommes et garçons.	Total des femmes et filles.	Total général.
Caire	10183	60434	92090	162707	164755	327462
Alexandrie	2803	72758	3489	79050	86702	165752
Rosette	450	6001	1302	7753	8490	16243
Damiette	....	12077	3902	15979	16751	32730
Port-Saïd	....	1716	....	1716	2138	3854
El-Ariche	....	1512	....	1512	994	2506
Ismaïlia	....	574	472	1046	851	1897
Suez	1000	4043	21	5064	6263	11327
Kosseir (¹)	....	....	....	....	....	....
Totaux (²)	14436	159115	101276	274827	286944	561771

(¹) La population de Kosseir est comprise dans celle de la Moudirich de Kéna d'où ce Gouvernorat relève.

(²) Le tableau ne comprend pas la population des deux Gouvernorats de Massawah et de Souakin, car, comme nous avons indiqué au commencement de cet ouvrage, ils ne font pas partie des provinces de l'Egypte proprement dite. La population de ces deux Gouvernorats est de 7344 habitants et, par conséquent, nous aurons cette différence en moins, dans le total général des tableaux qui suivent.

Voyons le dénombrement de la population par Markazes.

DÉNOMBREMENT DE LA POPULATION PAR MARKAZES, KESMS ET BANDARS

A LA DATE DU 31 DÉCEMBRE 1877.

Tableau LV

Markazes, Kesms et Bandars.	Classes religieuses.	Professions diverses.	Cultivateurs.	Total des hommes et garçons.	Total des femmes et filles.	Total général.
BÉHÉRA						
El-Delengât	1489	1622	9029	12140	13122	25262
Choubra-Khit	3814	3810	14969	22593	21180	43773
El-Neguela	4736	4361	28809	37897	43307	81204
El-Atf	4736	6850	10889	22475	26274	48749
Abou Hommos	1959	5246	11972	19168	19903	39071
Com-el-Akhdar	9	31	182	222	309	531
Totaux	16734	21920	75941	114195	124095	238590
GHISEH						
Bandar-el-Ghisch	1125	6050	115	7300	7832	15132
Kesm-Awal	4467	7151	44717	56335	58269	114604
Kesm-Tani	1725	5543	39359	37627	39996	77623
Kesm-Atfihh	1523	6950	22391	30864	31849	62713
Totaux	8850	25694	97582	132126	137946	270072
CALIOUBIEH						
Bandar-Benha	117	1314	392	1823	2683	4506
Markaze-Toukh	5795	5145	18575	29515	31814	61329
Bandar-Calioub	297	829	2024	3150	3112	6262
Cheflik-Abou el-Guet	754	234	1142	2080	1504	3584
Markaze-Calioub	2428	4683	19705	26816	28490	55306
Markaze-Choubra	3324	5467	28546	37337	35707	73044
Cheflik-Caha	134	121	469	724	625	1349
Totaux	12799	17792	70854	101445	103935	205380

DÉNOMBREMENT DE LA POPULATION PAR MARKAZES KESMS ET BANDARS

A LA DATE DU 31 DÉCEMBRE 1877.

Tableau LV.

Markazes Kesms et Bandars.	Classes religieuses.	Professions diverses.	Cultivateurs.	Total des hommes et garçons.	Total des femmes et filles.	Total général.
CHARKIEH.						
Bandar-el-Zagazig	2627	5582	2189	10398	12314	26712
Minia-el-Camhe	6729	4800	33196	44725	47807	92532
Bilbeis	6637	6708	34133	47478	52979	100457
El-Arin	2804	3410	18102	24316	22379	46695
El-Kanaïat	8058	6514	33384	47956	49794	97750
El-Sawaleh	5168	3884	18879	27931	26393	54324
Totaux	32023	30898	139883	202804	211666	414479
MENOUFIEH.						
Bandar Chibin-el-Com	2742	3796	435	6973	6903	13876
Tala	2295	4315	32347	38957	41947	80904
Soubk	3091	4523	40316	47930	51153	99113
Bandar-Menouf	2719	3245	1087	7051	6419	13470
Menouf	5607	5526	37223	48356	50471	98827
Mélig	3313	3165	47020	53498	54919	108417
Achmoun	2874	2846	29167	34887	35056	69943
Totaux	22641	27416	187595	237652	246898	484550
GHARBIEH						
Bandar-Tanta	4599	3847	3489	11935	2831	14766
Bandar-Samanoud	1021	4258	1020	6299	6564	12863
Bandar-el-Borollos	433	1050	6570	8053	7462	15515
Samanoud	7026	9160	36765	52952	60051	113003
Bandar Kafr-el-Zayat	61	948	165	1174	1635	2809
Kafr-el-Zayat	1974	2624	14750	19348	19861	39209
Bandar-Zifta	631	1872	1075	3578	4059	7637
Zifta	4443	3607	34558	42608	44168	85776
El-Gaafaria	3745	3383	36085	43213	45312	88525
Bandar-Dessouk	1566	1275	510	3351	5972	9323
Bandar-Foua	1332	3188	382	4902	5506	10408
Dessouk	4659	9550	15046	29255	28108	57363
Mahallet-Menouf	2438	5357	25257	33052	34584	67636
Chirbin	4014	7000	19428	30442	31952	62394
Bandar-el-Mahalla	2167	10899	1214	14280	14130	28410
Kafr-el-Cheik	2969	2212	26175	31355	31987	63342
Totaux	43077	70230	222490	335797	343182	678979

DÉNOMBREMENT DE LA POPULATION PAR MARKAZES, KESMS ET BANDARS.

A LA DATE DU 31 DÉCEMBRE 1877.

Tableau LV.

Markazes Kesms et Bandars.	Classes religieuses.	Professions diverses.	Cultivateurs.	Total des hommes et garçons.	Total des femmes et filles.	Total général.
DAKAHLIEH						
Bandar-el-Mansourah	7570	8411	841	16822	17622	34444
El-Simbillawein	2220	2163	17188	21571	23220	44791
Bandar-Fareskor	185	1480	420	2085	2499	4584
Fareskor	3978	6833	19876	30687	31033	61720
Miniet-Samanoud	2888	4340	47011	54239	56214	110453
Bandar-Dakarnes	126	316	2671	3113	3074	6187
Dakarnos	6167	8644	48188	62999	64842	127841
Bandar-Mit-Ghamr	1154	2447	975	4576	5011	9587
Mit-Gamr	7173	7765	49909	64847	67500	132347
Totaux	31461	42399	187079	260939	271015	531954
BENI SOUEF.						
Bandar-Beni-Souef	567	2045	227	2839	5317	8156
Beni-Souef	1793	4896	17147	23836	24317	48153
Beba	994	1144	16665	18803	21062	39865
El-Zawia	1205	2243	19294	22742	21932	44674
Totaux	4559	10328	53333	68220	72628	140848
FAYOUM						
Bandar-el-Fayoum	841	8836	999	10676	11600	22276
Tafhar	2397	5215	27077	34689	36098	70787
Sanmouris	2535	7518	27519	37572	39498	77070
El-Wahat-el-Bahrieh	55	57	1691	1803	1719	3522
Totaux	5828	21626	57286	84740	88915	173655

DÉNOMRREMENT DE LA POPULATION PAR MARKAZES, KESMS ET BANDARS

A LA DATE DU 31 DÉCEMBRE 1877

Tableau LV.

Markazes Kesms et Bandars	Classes religieuses.	Professions diverses.	Cultivateurs.	Total des hommes et garçons.	Total des femmes et filles.	Total général.
MINIA.						
Bandar-el-Minia......	1287	10803	32	12122	11619	23741
Nawahi-el-Bandar....	982	1397	28792	31171	29797	60968
Bandar-el-Fachne....	347	2739	107	3193	4147	7340
El-Fachne..........	1248	781	13568	15597	18127	33724
Mancatin..........	429	1798	16278	18505	18754	37259
Beni-Ibed..........	937	1919	25507	28363	28649	57012
El-Minia.........	1208	1431	12569	15208	16369	31577
El-Fant	193	238	3444	3875	2315	6190
Kolosna..........	296	1105	18768	20169	18998	39167
Beni-Mazar.......	663	607	20239	21509	20129	41638
Totaux....	7590	22818	139304	169712	168904	338616
ASSIOUT.						
Bandar-Assiout ...	519	14147	87	14753	15059	29812
Assiout........	6478	9737	19770	35985	36989	72974
Beni-Rafi	1604	4419	7365	13328	13508	26836
Bandar-Manfalout....	1570	5778	606	5954	6034	11988
Manfalout	2011	5958	7128	15097	13898	26995
El-Wahât.....	150	835	8697	9082	8167	17229
Bandar-el-Roda	177	119	749	1075	1003	2078
El-Roda	1964	3616	19165	24685	25523	50208
Bandar-Mallawi ...	263	3796	553	4612	4827	9439
Mallawi.	4551	3788	14488	22627	22612	45239
Abou-Tig........	6156	9299	12857	28312	28155	56467
Abnoub	1906	4232	24049	30187	30054	60241
El-Douer.........	5185	5529	15349	26063	26110	52173
Totaux....	32314	67283	130143	229740	231939	461679

DÉNOMBREMENT DE LA POPULATION PAR MARKAZES, KESMS ET BANDARS

A LA DATE DU 31 DÉCEMBRE 1877

Tableau LV.

Markazes Kesms et Bandars	Classes religieuses.	Professions diverses.	Cultivateurs.	Total des hommes et garçons.	Total des femmes et filles.	Total général.
GHIRGA.						
Bandar-Ghirga	1038	4532	372	5942	6184	12126
Ghirga	11927	2819	35492	50238	42917	93155
Bandar-Tahta	473	3035	1169	4677	5545	10222
Tahta	1557	3647	32337	37541	39266	76807
Bandar-Souhâg	2415	1317	1432	5164	3292	8456
Bandar-Akhmim	1224	5310	1986	8520	9319	17839
Souhâg	1927	4062	26056	32045	30075	62120
Tama	4914	3529	29160	37603	38659	76262
Bardis	1222	3362	25024	29638	31244	60882
Totaux	26727	31613	153028	211368	206501	417869
KÉNA.						
Bandar-Kéna	1561	71849	4245	7655	7781	15436
Kéna	919	4406	26917	32242	32058	64300
Bandar-Farchout	195	878	3420	4493	4420	8913
Farchout	1163	4445	28667	34275	33817	68092
Dachta	1822	4950	30368	37140	35179	72319
Koss	859	5467	34308	40634	37777	78411
Kosseir	16	885	555	1456	1330	2786
Totaux	6535	22880	128480	157895	152362	310257
ESNA.						
Bandar-Esna	747	4984	299	6030	6746	12776
Esna	3247	2490	20363	26100	23928	50028
Halfa	165	1670	37169	38410	43533	81943
Edfou	1725	3588	27246	32559	31617	64176
Armante	628	1405	11713	13746	13305	27051
El-Metaana	489	1061	13029	14579	13632	28211
Nawahi - Maawenet - Assouen	1165	4614	2392	8171	9237	17408
Totaux	8166	19218	112211	139595	141998	281593

DÉNOMBREMENT DE LA POPULATION PAR MARKAZES, KESMS ET BANDARS

A LA DATE DU 31 DÉCEMBRE 1877

Tableau LV.

Markazes. Kesms et Bandars	Classes religieuses.	Professions diverses.	Cultivateurs.	Total des hommes et garçons.	Total des femmes et filles.	Total général.
RÉCAPITULATION						
Totaux des gouvernorats	14436	159115	101276	274827	286944	561771
Totaux des Moudiriehs.	260304	432115	1754109	2446528	2501984	4948512
Total général (¹)	274740	591230	1855385	2721355	2788928	5510283

Les Moudiriehs, suivant l'importance de leur population, se classent dans l'ordre uivant :

Moudiriehs	Population
Garbieh	678.979.
Dakahlieh	531.954.
Menoufieh	434.550.
Assiout	461.6¨9.
Ghirga	417.869.
Charkieh	414.470.
Minia	338.616.
Kéna	310.257.
Esna	281.593.
Ghiseh	270.072.
Béhéra	238.590.
Calioubieh	205.380.
Fayoum	173.655.
Béni-Suef	140.848.
Total des Moudiriehs	4.948.512.
Total des Gouvernorats	561.771.
Ensemble	5.510,283.

(¹) En ajoutant les populations de Massawa et de Souakin on arrive au total de 5.517.627 denné au premier chapitre.

Mais si nous voulons connaître dans quel rapport leur population est à la surface des terrains cadastrés de chacune, leur ordre change ; elles seront alors placées selon l'importance de leur densité respective qui nous donne le tableau suivant.

Tableau LVI.

Moudiriehs	Habitants par 100 feddans	Moudiriehs	Habitants par 100 feddans
—	—	—	—
Esna	1,79	Dakahlieh	1,04
Menoufieh	1,30	Kéna	1,01
Ghiseh	1,29	Charkieh	0,79
Ghirga	1,17	Minia	0,78
Gharbieh	1,13	Béni-Souef	0,64
Assiout	1,07	Béhéra	0,59
Calioubieh	1,06	Fayoum	0,59

La carte que nous faisons suivre indique à première vue, cette densité par la diversité des couleurs.

NOMBRE D'HABITANTS
PAR 100 FEDDANS

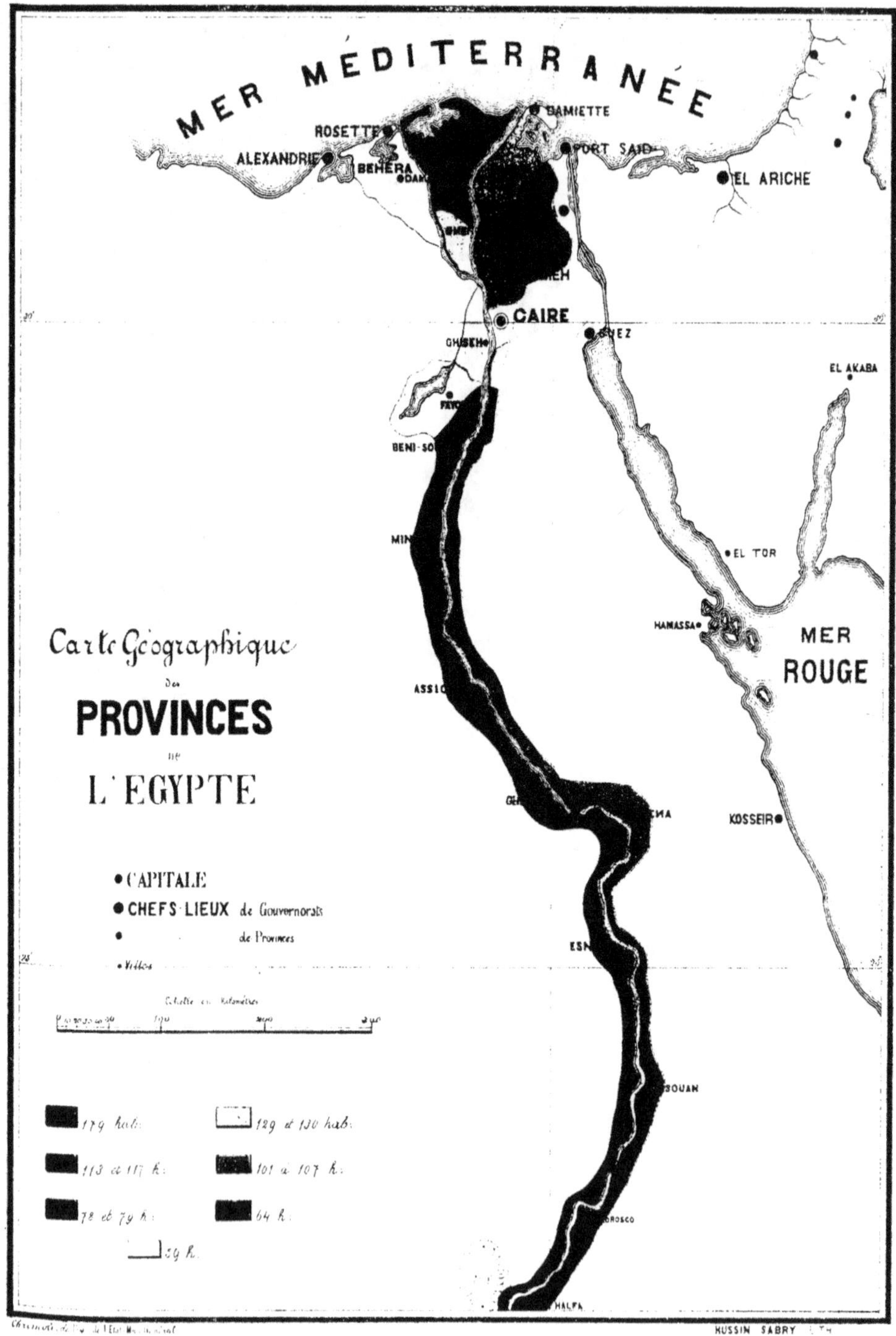

Terrains.

Les terres privées (¹) ou Moulks se distinguent en Ouchouries ou biens décimaux, qui sont ceux qui paient la dîme et en Kharadgies, ou biens tributaires, qui sont des terrains qui à l'origine, n'appartenaient pas aux musulmans, mais qui leur ont été échus, par droit de conquête ; ces terrains sont frappés d'un impôt différent et plus élevé que celui payé pour les terrains ouchouris.

Nous représenterons ces divers terrains dans un tableau, en tenant distincts les kharadgis et les ouchouris des terrains qui pourront devenir l'un ou l'autre, et êtres rangés plus tard dans une de ces deux catégories, mais qui actuellement appartiennent à l'état par suite de l'abandon qu'en ont fait leurs propriétaires, ou pour d'autres motifs légitimes ; et, enfin, les terrains arpentés entre chaque village et qui servent aux communications, à la conduite des eaux ou de ligne de démarcation des limites entres les communes.

ÉNOMBREMENT DES TERRAINS CADASTRÉS PAR MARKAZES KESMS ET BANDARS

AU 31 DÉCEMBRE 1877.

Tableau LVII.

Markazes Kesms et Bandars	TERRAINS				TOTAL des terrains cadastrés
	Kharadgis	Ouchouris	Susceptibles de devenir kharadgis ou ouchouris	Non susceptibles de devenir kharadgis ou ouchouris	
GOUVERNORATS.					
Total des Gouvernorats (²)....	1162	6941	602	13048	21743

(¹) Les lois ottomanes considèrent la propriété immobilière de deux manières : la *propriété privée* et la *propriété publique*.

La *propriété privée* est celle qui appartient aux citoyens et se nomme *Moulk* ; la *propriété Mirieh* est celle de l'Etat.

Outre ces propriétés juridiques, il y a encore les propriétés des institutions religieuses et de bienfaisance, des hôpitaux, des écoles et des mosquées qui peuvent comprendre, à titre de domaine, des bien immeubles.

Les terres *Matrouka* sont celles qui sont laissées à l'usage public, telles que les routes, les pâturages communaux, etc., etc.; les *Maouconfa* ou *Aoukafs* sont les propriétés des mosquées, des institutions religieuses et de bienfaisance, des pauvres et des eglises chrétiennes ; enfin les *Mouats* ou *terres mortes* sont celles dont personne n'a pris possession, ou qui ont été abandonnées par leurs propriétaires, avec l'intention de ne pas les reprendre : ces terres sont aussi appelées vulgairement *Matrouka*.

(²) Nous ne donnons que les totaux des Gouvernorats parce que nous ne voulons que nous occuper des districts qui intéressent le plus l'Agriculteur ; du reste, les Gouvernorats qui nous ont donné des informations au sujet de leurs possessions en terrains cadastrés, sont le Caire [115 feddans] ; Alexandrie [7490]; Rosette [14094] et Suez [54].

DÉNOMBREMENT DES TERRAINS CADASTRÉS PAR MARKAZES, KESMS ET BANDARS

AU 31 DÉCEMBRE 1877

Tableau LVII.

Markazes, Kesms et Bandars	TERRAINS				Total des terrains cadastrés
	Kharadgis	Ouchouris	Susceptibles de devenir kharadgis ou ouchouris	Non susceptibles de devenir kharadgis ou ouchouris	
BÉHÉRA.					
El-Delengat	25251	13950	31861	3357	74419
Choubrakhit	41682	6170	47	239	48138
El-Neghela	54828	8803	430	3019	64080
El-Atfe	33542	3495	18	282	37337
Abou-Hommos	62163	58690	25480	22509	168842
Com-el-Akhdar	..	3784	4624	..	8408
Totaux	217446	91892	62460	29406	401224
GHISEH.					
Bandar-el-Ghiseh	1736	246	..	..	1982
Kesm-Awal	62736	13935	949	16666	94286
Kesm-Tani	46649	9707	262	7508	64126
Kesm-Atfihh	33240	6877	218	7180	47515
Totaux	144361	30765	1429	31354	207909
CALIOUBIEH.					
Bandar-Benha	687	..	..	..	687
Markaze-Toukh	47546	7290	..	1103	55939
Bandar-Calioub	6682	976	..	..	7658
Cheflik-Abou-el-Ghet	..	5620	..	..	5620
Markaze Calioub	49076	7474	2891	879	60320
Markaze Choubra	48841	10153	98	711	59803
Cheflik-Caha	7	3549	..	187	3743
Totaux	152839	35062	2989	2880	193770

DÉNOMBREMENT DES TERRAINS CADASTRÉS PAR MARKAZES, KESMS ET BANDARS

AU 31 DÉCEMBRE 1877.

Tableau LVII.

Markazes Kesms et Bandars	TERRAINS				Total des terrains cadastrés
	Kharadgis	Ouchouris	Susceptib'es de devenir kharadgis ou ouchouris	Non susceptibles de devenir kharadgis ou ouchouris	

CHARKIEH

Markazes, Kesms et Bandars	Kharadgis	Ouchouris	Susceptibles	Non susceptibles	Total
Bandar-el-Zagazig.	368	„	„	„	368
Miniet-el-Camhe	64975	19161	514	2798	87448
Bilbeis.	60587	23819	20	4487	88913
El-Arin	38106	52999	1633	78399	171137
El-Cana'at.	63526	7918	1460	1514	74418
El-Sawaleh	35295	39274	692	21988	97249
Totaux	262857	143171	4319	109186	519533

MENOUFIEH

Markazes, Kesms et Bandars	Kharadgis	Ouchouris	Susceptibles	Non susceptibles	Total
Bandar-Chibin-el-Com	2565	119	14	213	2911
Tala.	69352	4548	62	3127	77089
Soubk	56034	2829	14	3871	62748
Bandar-Menouf.	3574	423	„	153	4150
Menouf.	66280	3402	49	1967	71698
Melig.	68339	8360	21	3129	79849
Achmoun	62478	6589	368	4423	73858
Totaux	328622	26270	528	16883	372303

GHARBIEH

Markazes, Kesms et Bandars	Kharadgis	Ouchouris	Susceptibles	Non susceptibles	Total
Bandar-Tanta.	2612	13	„	554	3179
Bandar-Samanoud.	3346	277	191	164	3978
Bandar-el-Borollos.	„	„	„	„	„
Samanoud.	80820	84346	2801	14887	182854
Bandar-Kafr-el-Zayat.	714	24	„	26	764

DÉNOMBREMENT DES TERRAINS CADASTRÉS PAR MARKAZES, KESMS ET BANDARS

AU 31 DÉCEMBRE 1877

Tableau LVII.

Markazes Kesms et Bandars	Kharadgis	Ouchouris	Susceptibles de devenir kharadgis ou ouchouris	Non susceptibles de devenir kharadgis ou ouchouris	Total des terrains cadastrés
GHARBIEH [*Suite*]					
Kafr-el-Zayat	34907	4079	12	2099	41097
Bandar-Zifta	2777	459	32	152	3420
Zifta	55360	1476	7	2309	59152
El-Gaafaria	74420	2046	„	6477	82943
Bandar-Dessouk	4078	1407	„	256	5741
Bandar-Foua	3631	287	627	573	5118
Dessouk	54594	37882	27914	81795	202184
Mahallet-Menouf	64511	12880	16	2606	80013
Chirbin	45547	89665	27299	241565	404076
Bandar-el-Mahalla	3735	782	106	532	5155
Kafr-el-Cheik	57663	139185	227	65705	262780
Totaux	488714	374808	59232	419700	1342454

Markazes Kesms et Bandars	Kharadgis	Ouchouris	Susceptibles de devenir kharadgis ou ouchouris	Non susceptibles de devenir kharadgis ou ouchouris	Total des terrains cadastrés
DAKAHLIEH					
Bandar-el-Mansourah	826	20	----	----	846
El-Simbillawin	48235	58501	11780	10435	128951
Bandar-Fareskor	751	1471	----	228	2450
Fareskor	38959	17300	3235	9694	69188
Miniet-Samanoud	56084	28156	101	1986	86327
Bandar-Dakarnes	2940	55	----	195	3190
Dakarnes	71228	21055	920	24812	118015
Bandar-Mit-Ghamr	1630	129	----	101	1760
Mit-Ghamr	87020	8977	270	2823	99090
Totaux	307673	135564	16306	50274	509817

DÉNOMBREMENT DES TERRAINS CADASTRÉS PAR MARKAZES, KESMS ET BANDARS

AU 31 DÉCEMBRE 1877.

Tableau LVII.

Markazes Kesms et Bandars	TERRAINS				Total des terrains cadastrés
	Kharadgis	Ouchouris	Susceptibles de devenir kharadgis ou ouchouris	Non susceptibles de devenir kharadgis ou ouchouris	

BENI-SOUEF

Bandar-Beni-Souef	1442	620	....	....	2062
Beni-Souef	60754	20432	432	1533	83151
Beba	46737	23974	302	1435	72448
El-Zawia	46334	13876	250	964	61424
Totaux	155267	58902	984	3932	219085

FAYOUM

Bandar-el-Fayoum	2684	801	99	1125	4709
Tabhar	43816	70009	3843	30698	148366
Sannouris	44510	60971	5513	28806	139800
El-Wahat-el-Bahrich	584	....	....	....	584
Totaux	91594	131781	9455	60629	293459

MINIA

Bandar-el-Minia	1942	149	59	....	2150
Nawahi-el-Bandar	43313	28384	3789	628	76114
Bandar-el-Fachne	2346	1042	40	....	3428
El-Fachne	25384	13868	3185	584	43021
Mancaten	32291	32092	3684	102	68169
Beni-Ibed	45631	12935	2028	1036	61630
El-Minia	35780	18179	2894	3222	60075
El-Fant	6769	3961	773	6	11509
Kolosna	31437	21231	3266	962	56896
Beni-Mazar	26455	12872	7616	1338	48281
Totaux	251348	144713	27334	7878	431273

DÉNOMBREMENT DES TERRAINS CADASTRÉS PAR MARKAZES, KESMS ET BANDARS

AU 31 DÉCEMBRE 1877

Tableau LVII.

Markazes Kesms et Bandars	TERRAINS				Total des terrains cadastrés
	Kharadgis	Ouchouris	Susceptib'es de devenir kharadgis ou ouchouris	Non susceptibles de devenir kharadgis ou ouchouris	
ASSIOUT					
Bandar-Assiout	4949	....	....	....	4949
Assiout	60057	617	119	1205	61998
Beni-Rafi	25028	1572	23	1305	27928
Bandar-Manfalout	4023	49	....	65	4137
Manfalout	39556	1245	170	8593	49564
El-Wahat	....	843	....	....	843
Bandar-el-Roda	3504	....	....	81	3585
El-Roda	63954	6555	139	5242	75890
Bandar-Mallawi	4636	59	....	248	4943
Mallawi	53525	5642	203	1857	61227
Abou-Tig	37967	913	112	987	39979
Abnoub	46771	2686	....	4980	54437
El-Douer	38563	1219	133	651	40566
Totaux	382533	21400	899	25214	430046
GHIRGA					
Bandar-Ghirga	1479	258	"	"	1737
Ghirga	55881	2703	"	4538	63122
Bandar-Tahta	3679	169	"	154	4002
Tahta	59312	6780	"	7358	73450
Bandar-Souhâg	3399	317	"	407	4123
Bandar-Akhmim	3834	254	"	194	4282
Souhâg	62958	5551	30	6191	74730
Tama	51488	2447	"	3456	57391
Bardis	58065	8369	32	5754	72220
Totaux	300095	26848	62	28052	355057

DÉNOMBREMENT DES TERRAINS CADASTRÉS PAR MARKAZES, KESMS ET BANDARS

AU 31 DÉCEMBRE 1877

Tableau LVII.

Markazes Kesms et Bandars	TERRAINS				Total des terrains cadastrés
	Kharadgis	Ouchouris	Susceptibles de devenir kharadgis ou ouchouris	Non susceptibles de devenir kharadgis ou ouchouris	
KÉNA					
Bandar-Kéna	2067	58	„	41	2166
Kéna	48690	3196	24	3698	55608
Bandar-Farchout	4066	122	8	305	4501
Farchout	69666	5140	41	5399	80246
Dachta	68754	5264	100	5920	80038
Koss	69753	7066	78	6468	83365
Kosseir	„	„	„	„	„
Totaux	262996	20846	251	21831	305924
ESNA					
Bandar-Esna	5527	460	„	230	6217
Esna	23395	1825	„	2221	27441
Halfa	19002	718	207	„	19927
Edfou	35188	5402	„	3551	44141
Armante	8816	20374	„	3773	32963
El-Mataana	18824	4183	„	„	23007
Nawahi-Maawanet-Assouan	2406	„	„	378	2784
Totaux	113158	32962	207	10153	156480
Total général	3460685	1281925	187057	830420	5760087

Les Moudiriehs, selon l'étendue de leur superficie cadastrée, se placent dans l'ordre suivant:

Tableau LVIII.

Moudiriehs	Superficie cadastrée	Moudiriehs	Superficie cadastrée
Gharbieh	1342454	Ghirga	355057
Charkieh	519533	Kéna	305924
Dakahlieh	509817	Fayoum	293459
Minia	431273	Béni-Souef	219085
Assiout	430046	Ghiseh	207909
Béhéra	401224	Calioubieh	193770
Menoufieh	372303	Esna	156480

Comme il peut être intéressant de pouvoir discerner du premier regard l'ordre dans lequel viennent les Moudiriehs, pour leur étendue en terrains Kharadgis et Ouchouris nous avons, dans ce but, dressé le tableau ci-dessous :

Tableau LIX.

Moudiriehs	Terrains Kharadgis et Ouchouris	Moudiriehs	Terrains Kharadgis et Ouchouris
Gharbieh	863522	Kéna	283842
Dakahlieh;	443237	Fayoum	223375
Charkieh	406028	Béni-Souef	214149
Assiout	403933	Calioubieh	187901
Minia	396061	Ghiseh	175126
Menoufieh	354892	Esna	146120
Ghirga	326943		
Béhéra	309358	Total des terrains kharadgis et ouchouris 4734487	

Il ne sera pas hors de propos de faire connaître ici de combien de feddans s'est augmentée la superficie cultivable du territoire Égyptien, sous le règne actuel de Son Altesse Ismaïl Pacha, qui a donné une si grande impulsion au développement de l'agriculture du pays. Ce tableau prouvera en quelque sorte que les grands travaux hydrauliques accomplis ont porté quelque fruit.

SUPERFICIE DES TERRAINS CULTIVÉS ET DEVENUS KHARADGIS OU OUCHOURIS DE 1863 A 1877.

Tableau LX.

MOUDIRIEHS	TERRES		TOTAL
	Kharadgies	Ouchouries	
Béhéra	8878	69209	78087
Ghiseh	..	13095	13095
Calioubieh	251	4208	4459
Charkieh	8283	117499	125782
Menoufieh	3891	10148	14039
Gharbieh	23787	179557	203344
Dakahlieh	9007	..	9007
Beni-Souef	110	8172	8282
Fayoum	..	105478	105478
Minia	839	80936	81775
Assiout	11802	709	12511
Ghirga	316	6686	7002
Kéna	243	10989	11232
Esna	..	15170	15170
Totaux	67407	621856	689263

Il est de notoriété publique que le territoire agricole égyptien, par la beauté de son climat, par la régularité avec laquelle les eaux fécondantes du Nil croîssent et s'élèvent annuellement, est soumis à différentes cultures dans le cours de la même année. Ces cultures, suivant l'ordre des saisons et de l'inondation nilotique, prennent les noms de *culture d'été, culture d'hiver* et *culture de la période de la crue du Nil.*

Il ne sera pas sans intérêt de faire connaître quelles ont été les surfaces employées à ces diverses cultures la même année durant. Seulement, sans nous étendre à tous les Markazes ou Kesms, nous nous limiterons à présenter un tableau des totaux de chaque Moudirieh, le Bureau de Statistique se réservant de fournir d'autres détails à tous ceux qui désireraient en avoir sur cet objet et qui pourraient trouver de l'intérêt à cette question.

RELEVÉ EN FEDDANS DES TERRES CULTIVÉES
DANS LE COURS DES DIVERSES SAISONS DE L'ANNÉE

Tableau LXI.

MOUDIRIEHS	Pendant la crue du Nil	Pendant l'été	Pendant l'hiver
Béhéra	52692	180686	60866
Ghiseh	18966	128570	27731
Calioubieh	33549	123571	34217
Charkieh	105549	235618	121727
Menoufieh	111734	257380	73568
Gharbieh	126576	420724	189693
Dakahlieh	103938	239139	151378
Beni-Souef	10070	198828	4773
Fayoum	68945	122375	13393
Minia	31514	276450	84827
Assiout	22979	339802	19244
Ghirga	21045	306980	4805
Kéna	14906	263464	9646
Esna	86514	44556	11019
Gouvernorats	961	1085	6125
Total pour chaque saison	809938	3139228	813012

A l'aide des premiers tableaux que nous avons donnés dans ce chapitre, les agriculteurs pourront se former une idée exacte de la répartition du territoire cultivé en Egypte.

Le dernier tableau particulièrement leur permettra de juger de l'étendue des surfaces cultivées dans chaque saison.

Par là, on aura les éléments nécessaires pour étudier s'il ne serait pas possible de profiter plus largement des dons que la nature a accordés à ce beau pays, et voir s'il n'y aurait pas moyen de développer encore ces cultures pour l'intérêt particulier de l'agriculteur et pour le bien-être du pays.

C'est en réunissant toutes les ressources et en donnant tout leur essort aux forces du pays qu'on parviendra à développer et à accroître sensiblement la richesse publique.

Il est essentiel que l'indigène n'oublie pas cette grande vérité : si la statistique lui dévoile sous toutes ses phases l'état vrai du pays, il faut, d'autre part que lui-même, de son côté, fasse tous ces efforts et mette toute sa bonne volonté à tirer tout le parti possible de ses connaissances et à accroître son bien-être matériel et moral.

Il ne sera pas sans utilité, croyons-nous, d'indiquer dans un tableau général la population et l'étendue des terres Kharadgies et Ouchouries et la surface des terrains arpentés, ainsi que le nombre des districts et des villages de chaque Moudirieh, en faisant voir, en même temps, les moyennes réciproques de la population et des dites surfaces par rapport au nombre des districts et à celui des villages.

C'est là ce que nous avons cherché à établir dans le tableau qui suit :

REPARTITION ET MOYENNES DE LA SUPERFICIE ET DE LA POPULATION DES DEPENDANCES DE CHAQUE MOUDIRIEH

Tableau LXII.

MOUDIRIEHS	Population de la Moudirieh	Superficie des terrains		Dépendance de la Moudirieh		Population moyenne Par		Superficie moyenne des Terrains			
		Karadgis et Ouchouris	Arpentés	districts	villages	districts	villages	Karadgis Ouchouris par District	par village	Arpentés par District	par village
Déhéra, Damanhour	238590	309358	401224	5	330	47718	723	61872	937	80245	1216
Ghiseh, Ghiseh	270072	175126	207969	3	171	90024	1579	55025	1024	69303	1216
Calioubieh, Benha	205380	187901	195779	3	167	68460	1230	62634	1125	64590	1160
Charkieh "Zagazig"	414470	406028	519583	5	436	82894	951	81206	931	103906	1192
Menoufieh "Chibin"	484550	354892	372303	5	355	96910	1365	76978	1030	74461	1049
Garbieh "Tanta"	678979	863522	1342454	8	513	84872	1323	107940	1883	167807	2617
Dakahlieh "Mansoura"	531954	443237	509817	4	484	132988	1099	110809	916	127454	1053
Beni-Souef 'Beni-Souef'	140848	214149	219085	3	175	46949	805	71383	1224	73028	1252
Fayoum "Fayoum"	173655	223375	293459	3	92	57885	1887	74458	2428	97819	3190
Minia "Minia"	338610	396061	431273	7	263	48374	1287	56580	1506	61616	1640
Assiout "Syout"	461679	403933	430046	6	303	76946	1524	67322	1333	71674	1419
Ghirga "Souag"	417869	326943	355057	5	187	83574	2234	65388	1748	71011	1899
Kéna "Kéna"	310257	283842	305924	4	108	77564	2873	70960	2628	76481	2833
Esna "Esna"	281593	146120	156480	5	98	56319	2873	29224	1491	31296	1597
Les villes des Gouvernorats	561771	8103	21753	....	....	....	....	....	....	....	....
Total général	5510283	4742610	5760087	66	3682	....	....	....	....	....	....
Total des Moudiriehs	4948512	4734507	5738334	66	3682	....	....	....	....	....	....
Moyennes	353465	338179	409881	4,7	263	74976	1344	71735	1286	86944	1559

Nous voyons d'après ce tableau que le chiffre moyen de la population de chaque Moudirich est de 353.465 habitants ; que celui de la population du district est de 74.976 habitants, et de 1344 habitants celui des villages, comparativement à la superficie arpentée.

La Moudirich qui compte le plus d'habitants est celle de Gharbieh (678.979) ; par contre, Beni-Souef est la Moudirich la moins peuplée (140.848).

La plus forte moyenne des districts se constate dans ceux de la province de Dakahlich (132.988) ; Beni-Souef est celle qui a la plus faible. (46.949).

Les villages qui présentent la plus haute moyenne sont ceux des Moudiriehs de Kéna et de Esna (2.873 habitants) ; les villages de la province de Béhéra, par contre, offrent la plus basse (723 habitants).

Nous pouvons donc conclure que ce sont principalement les villages de la Haute-Egypte où se rencontrent les moyennes les plus élevées.

Le chiffre de 338179 représente la moyenne de feddans en terres kharadgies et ouchouries pour une Moudirich, tandis que les terres arpentées présentent le chiffre moyen de 409.881 feddans

Les districts qui ont le maximum de la moyenne en terres Kharadgies et Ouchouries sont ceux de la Moudirich de Dakahlich (110,809 feddans), et en terres arpentées ce sont ceux de la province de Gharbieh (167.807 fed.) Le minimum se rencontre dans les districts de la Moudirich de Esna, à la fois pour les terres Kharadgies et Ouchouries et pour celles arpentées.

Les villages qui présentent la moyenne maximum en terres Kharadgies et Ouchouries sont ceux de la moudirich de Kéna [2628 fed.], tandis que le minimum se constate dans ceux de Dakahlich (916 fed.)

Enfin, ceux chez qui l'on trouve la moyenne maximum des terres arpentées sont les villages du Fayoum 3190 fed, et pour le minimum, les villages de la Dakahlich 1,053.

Avant de terminer ce paragraphe, nous croyons d'un grand intérêt de donner le parallèle des superficies géographiques à celles arpentées.

PARALLÈLE ENTRE LES SUPERFICIES GÉOGRAPHIQUES

ET LES SUPERFICIES ARPENTÉES DE CHAQUE GOUVERNORAT ET MOUDIRIEH

Tableau LXIII.

GOUVERNORATS & MOUDIRIEHS	SUPERFICIE géographique kil. carrés.	SUPERFICIE arpentée kil. carrés.
Caire (¹)	. . . .	. . . .
Alexandrie jusqu'à Siva	83202	
Rosette	123	
Damiette	904	
Gouvernorats du canal et désert, entre le Canal de Suez, la Province de Charkieh et le Caire	6238	93
Gouvernorat d'El-Ariche et désert à l'est du Canal et de la Mer Rouge jusqu'à El-Wiche	86079	
Béhéra	10780	1685
Ghiseh	24716	873
Calioubieh	842	814
Charkieh	4368	2182
Menoufieh	1583	1564
Gharbieh (²)	3092	5639
Dakahlieh (²)	2061	2141
Béni-Souef	50430	920
Fayoum		1233
Minia	110901	1812
Assiout	128700	1806
Ghirga	15703	1491
Kéna	87075	1285
Esna	404557	657
Totaux	1021354	24197

Nous allons maintenant nous occuper des bestiaux et animaux domestiques existant en Egypte, une des parties les plus intéressantes de l'agriculture.

(¹) Est compris dans la province de Calioubieh.

(²) Les anomalies qui présentent les superficies de ces deux provinces dans lesquelles les terrains arpentés ont une étendue plus grande que celle de la superficie géographique, s'expliquent par la plus forte extension donnée aux terres cultivées (voir le tableau de la page 131) à l'extrémité du Delta, terre qui ne sont pas encore tracées toutes dans les cartes géographiques.

Animaux Domestiques.

Un premier recueil de données statistiques sur l'élève et sur le nombre des animaux domestiques en Egypte serait un élément de plus pour apprécier l'importance de notre économie rurale.

Parmi les principes qui constituent la richesse nationale, le bétail n'occupe pas la dernière place et aujourd'hui la prospérité agricole d'un pays est souvent définie d'après la quantité de bestiaux qu'on y élève, mise en rapport à la population et à la superficie. C'est pour cela que nous avons cru devoir étudier cette question avec un développement qui n'aurait pas dû comporter l'exiguité de notre travail.

Si cette étude, par les difficultés que nous avons rencontrées en coordonant les matériaux, ne présente pas tous les détails que nous aurions voulu lui donner, on voudra bien remarquer que cette statistique des animaux domestiques, étant la première qui ait encore paru en Egypte, ne pourra nécessairement pas avoir le développement que nous chercherons à lui apporter dans la suite ; néanmoins on trouvera dans ces informations un ordre et un accord qui, nous le croyons, suffiront à donner à ces chiffres résumés une certaine importance.

Nous nous bornerons, en commençant, à considérer les animaux dont l'élève a lieu aussi bien ici que dans les autres régions, tels que les chevaux, les bœufs, les buffles, les moutons et les chèvres, en établissant un parallèle entre les chiffres de notre bétail et ceux des autres pays, afin de pouvoir reconnaître nos forces et nos côtés faibles. Nous nous occuperons ensuite un peu plus longuement des animaux propres au pays, tels que chameaux, dromadaires, etc. qui intéressent plus particulièrement l'agriculture locale.

Ce premier tableau montre en chiffres effectifs, le nombre total des animaux de ferme de l'Egypte, et de ceux des principales contrées européennes, ainsi que des Etats-Unis d'Amérique par rapport au chiffre de la superficie et de la population.

NOMBRE EFFECTIF DES CHEVAUX, BŒUFS ET MOUTONS EXISTANT EN EGYPTE ET DANS LES PRINCIPAUX PAYS

D'APRÈS LEUR RAPPORT A LA SUPERFICIE GÉOGRAPHIQUE ET A LA POPULATION

Tableau LXIV.

PAYS	Population.	Superficie en Kilom. car.	Époque du recensement	Race Chevaline.	Race — Vaches.	Bovine. Bœufs et Buffles.	Bovine. Total.	Race Ovine et Caprine.	Par kilom. carrés. Race Chevaline.	Par kilom. carrés. Race Bovine.	Par kilom. carrés. Race Ovine et Caprine.	Par 1000 habitants. Race Chevaline.	Par 1000 habitants. Race Bovine.	Par 1000 habitants. Race Ovine et Caprine.
Egypte	5517627	24197	1877	8741	147739	80587	228326	320047	0,4	9.4	13.2	1.5	41.3	58.0
Italie	26801154	296305	1868	1196128	1380380	2108745	3489125	8674527	4,0	11.8	29.3	44.6	130.2	323.7
Gr. Bretagne et Irlande	31628338	314951	1874	2762148	3779597	6501439	10281036	34837597	8,8	32.6	110.6	87.3	325.1	1101.2
Russie	71174198	5352703	1870	16160000	»	»	22770000	48132000	3,0	4.2	9.0	227.0	319.9	676.3
Suède	4250402	444814	1872	446309	1297050	805369	2103319	1659644	1,0	4.7	3.7	105.0	494.8	394.4
Norvège	1763000	316694	1865	150000	690000	260000	950000	1710000	1,0	3.0	5.4	85.1	538.8	969.9
Danemark	1784741	38200	1871	316570	»	»	1238898	1842481	8,3	32.0	48.2	177-4	133.9	1032.3
Prusse	24656078	348338	1873	2274932	5056400	3555750	8612150	19624758	6,5	24.7	56.3	92.3	349.3	795.9
Wurtemberg	1818539	19504	1873	96970	460092	486136	946228	577290	4,9	48.5	29.6	53.3	520.3	317-4
Bavière	4852026	75863	1873	353316	1557286	1508977	3066263	1342190	4,6	40.4	17.7	72.8	631.9	276.6
Saxe	2556244	14990	1873	115792	424785	223187	647972	206833	7,7	43.2	13.8	45.3	253.5	80.9
Bade	1461562	15075	1873	70285	322385	299503	621888	156287	4,7	41.3	10.3	48.1	425.5	106.9
Hollande	3674402	32840	1872	247888	896870	480132	1377002	855265	7,6	41.9	26.0	67-5	374.8	232.8
Belgique	5087105	29455	1866	283163	738732	503713	1242445	586097	9,6	42-2	19.9	55.6	244.2	115.2
France	36102921	528573	1872	2882851	6013089	5271325	11284414	24589647	5,4	21.3	46.5	79.8	312.6	681.1
Portugal	4367882	92751	1870	79716	»	»	520474	2706777	1,0	5-6	29.2	18.2	119.2	619.7
Espagne	16835506	507036	1865	»	»	»	2904598	22054967	»	5.7	43.5	»	172.5	1310.0
Autriche	20394980	300191	1871	1367023	3831136	3594076	7425212	5026398	4,5	24.7	16.7	67.0	364.1	246.4
Hongrie	15500455	323854	1871	2179811	2052488	3226705	5279193	15076997	6,7	16.3	46.5	140.5	340.4	972.1
Suisse	2669147	41418	1866	100324	553205	440086	993291	447001	2,4	24-0	10.8	37.6	372.3	167.4
Grèce	1457894	50123	1867	98938	51994	57910	109904	2539538	2,0	2.0	50.7	67.8	75.4	1742.0
Etats-Unis d'Amérique	38925598	9322997	1873	9333800	10705300	16218100	26923400	33938200	1,0	2.9	3.6	239-8	691.6	871.8

N. B. — Nous avons puisé les chiffres de ce tableau dans la statisque des bestiaux de l'Italie publiée en 1875, comme une des plus récentes, et de plus complètes.

Comme on peut s'en convaincre par le tableau ci-dessus, les résultats du rapport que nous venons d'établir, nous placent dans une certaine condition d'infériorité. Il serait à désirer que les efforts des agriculteurs, unis à une législation bien entendue sur l'élève du bétail, qu'elle encouragerait en instituant des expositions et en stimulant les cultivateurs au moyen de récompenses, parvinssent à nous faire sortir de cette condition, et à donner le développement que réclame cette importante branche de l'économie rurale.

Le chiffre obtenu comme total du nombre de chevaux nous place tout-à-fait au dessous des autres pays, même de la Suède, de la Norwège, du Portugal et des Etats-Unis d'Amérique qui comptent seulement 1 cheval par kilom. carré.

L'espèce de nos chevaux est cependant très-appréciée à l'étranger et son élevage mériterait tous les soins pour lui donner quelque développement.

Pour la race bovine, nous tenons un rang supérieur à la Russie, à la Suède, à la Norwège, au Portugal, à l'Espagne, à la Grèce et aux Etats-Unis, mais nous sommes surpassés de beaucoup par tous les autres pays.

Les chèvres et les moutons sont en nombre très-inférieur par rapport aux autres nations, notamment au Royaume-Uni de la Grande Bretagne et d'Irlande, qui compte à lui seul 110 têtes par kilomètre carré. Ces deux races cependant sont plus nombreuses en Egypte qu'en Russie, en Suède, en Norwège, au Grand Duché de Bade, en Suisse et aux Etats-Unis.

Les conditions d'infériorité dans lesquelles nous nous trouvons augmentent considérablement, si nous cherchons le rapport du chiffre des animaux par 1000 habitants.

Nous sommes alors de fort loin en arrière sur les autres pays en tout ce qui a trait à l'élève du bétail; cela s'explique par la raison que le premier terme de comparaison, c'est à-dire la superficie, est tout à notre avantage, comme nous l'avons déjà déclaré dans notre introduction, nous donnant la seule surface arpentée, tandis que les autres pays basent leurs calculs sur la superficie géographique.

Vu le rapport de notre élevage à celui d'autres pays, nous allons nous occuper de faire connaître dans quelle proportion et d'après quelle espèce les animaux domestiques sont répandus en Egypte.

RÉPARTITION DES ANIMAUX DOMESTIQUES

PAR MOUDIRIEHS ET GOUVERNORATS.

Tableau LXV.

Moudiriehs et Gouvernorats	Bœufs et Buffles		Chevaux		Chameaux	Anes et Mulets	Moutons et Chèvres	
	Mâles	Fe-melles	Mâles	Fe-melles			Mâles	Fe-melles
Béhéra	5339	10242	221	98	1099	4377	1350	5867
Ghiseh	1470	4587	48	136	1069	3078	1478	10984
Calioubich	6078	7540	49	74	820	3402	4529	17551
Charkieh	11291	10475	105	120	1135	5422	7970	15559
Menoufieh	11154	33059	59	59	4604	15214	4296	32038
Gharbieh	15383	30836	437	395	3493	15651	13725	47946
Dakahlich	17581	17373	211	249	1801	7546	3790	23628
Beni-Souef	1409	5002	78	232	834	1960	2160	12645
Fayoum	679	1951	46	69	167	1738	1064	11906
Minia	2665	4489	164	285	685	3045	2140	10811
Assiout	2041	5816	166	380	3088	5126	8196	21843
Ghirga	2255	8136	151	307	2560	5730	5118	19796
Kéna	1938	4671	75	67	1948	5204	3238	8041
Esna	1071	3151	47	69	1063	3052	2953	11681
Gouvernorats	233	905	4109	235	2505	7837	6601	1140
Totaux	80587	147739	5966	2775	26871	87882	68608	251439

Voici le dénombrement des animaux par Markazes ou Kesms.

DÉNOMBREMENT DES ANIMAUX DOMESTIQUES

PAR MARKAZES, KESMS ET BANDARS

Tableau LXVI.

Markazes Kesms et Bandars	Bœufs et Buffles		Chevaux		Chameaux	Anes et Mulets	Moutons et Chèvres	
	Mâles	Femelles	Mâles	Femelles			Mâles	Femelles
BÉHÉRA								
El-Delengat	567	1201	1	4	102	626	121	257
Choubrakhit	971	2416	37	10	210	872	355	1393
El-Neguela	963	3216	57	20	415	1049	563	2861
El-Atf	1247	1432	68	48	162	874	118	1023
Abou Hommos (Damanhour)	1481	1968	37	15	209	926	168	313
Com-el-Akdhar	110	9	21	1	1	30	25	20
Totaux	5339	10242	221	98	1099	4377	1350	5867
GHISEH								
Bandar-el-Ghise	176	85	12	8	13	111	41	227
Kesm-Awal	550	2224	12	33	433	1426	444	4409
Kesm-Tani	356	1209	6	39	142	746	548	3866
Kesm-Atfih	388	1069	18	56	481	795	445	2482
Totaux	1470	4587	48	136	1069	3078	1478	10984
CALIOUBIEH								
Bandar-Benha	50	90	..	2	40	60	60	120
Markaze-Toukh	1510	2612	7	3	267	1112	844	4259
Bandar-Calioub	110	50	1	2	15	93	90	710
Cheflik-Abou-el-Ghet	172	195	19	16	15	80	199	966
Markaze-Calioub	1780	2005	3	5	196	804	1966	6324
Marzake-Choubra	2336	2538	7	30	264	1224	1337	4965
Cheflik-Caha	120	50	12	16	23	29	33	210
Totaux	6078	7540	49	74	820	3402	4529	17554

DÉNOMBREMENT DES ANIMAUX DOMESTIQUES

PAR MARKAZES, KESMS ET BANDARS

Tableau LXVI.

Markazes Kesms et Bandars	Bœufs et Buffles		Chevaux		Chameaux	Anes et Mulets	Moutons et Chèvres	
	Mâles	Fe-melles	Mâles	Fe-melles			Mâles	Fe-melles
CHARKIEH.								
Bandar-el-Zagazig	65	110	40	5	41	410	100	41
Miniet-el-Camhe	2539	2374	8	20	371	1188	1464	4612
Bilbeis	2877	2424	7	61	239	1329	2399	3992
El-Arin	736	1176	8	11	55	644	919	1769
El-Canaïat	3095	2968	34	14	308	233	1369	3330
El-Sawaleh	1779	1423	8	9	121	588	1779	1815
Totaux	11291	10475	105	120	1135	5422	7970	15559
MENOUFIEH.								
Bandar-Chihin-el-Com	250	350	..	..	100	100	30	170
Tala	2070	8358	17	24	1252	3015	826	5204
Soubk-	2031	5275	..	8	519	3765	1131	6205
Bandar-Menouf	500	1000	10	2	250	600	200	200
Menouf	2038	7986	7	9	903	2627	742	5733
Melig	3267	7196	24	15	1052	3669	917	7226
Achmoun	998	2894	1	1	528	1438	448	7300
Totaux	11154	33059	59	59	4604	15214	4296	32038
GHARBIEH								
Bandar-Tanta	1211	841	53	4	145	2316	400	300
Bandar-Samanoud	100	75	2	1	30	50	25	125
Bandar-el-Borollos	20	30	..	..	18	70	20	120
Samanoud	3077	5241	47	41	508	1989	1385	6619
Bandar-Kafr-el-Zayat	30	60	5	..	15	44	..	..
Kafr-el-Zayat	1162	3434	117	124	292	1119	667	3185
Bandar-Zifta	119	253	..	4	78	342	340	350

DÉNOMBREMENT DES ANIMAUX DOMESTIQUES

PAR MARKAZES, KESMS ET BANDARS.

Tableau LXVI.

Markazes, Kesms et Bandars	Bœufs et Buffles		Chevaux		Chameaux	Anes et Mulets	Moutons et Chèvres	
	Mâles	Femelles	Mâles	Femelles			Mâles	Femelles
GHARBIEH.								
Zifta	1998	4832	6	16	513	1974	1188	5911
El-Gaafaria	2447	6815	19	23	711	2066	770	5205
Bandar-Dissouk	109	100	5	5	20	80	50	408
Bandar-Foua	120	70	50	70	20	80	18	490
Dessouk	1203	1655	75	2	173	1267	1383	7068
Mahallet–Menouf	1439	2372	9	38	410	1659	862	5565
Chirbin	1966	1539	28	46	97	760	3391	7567
Bandar-el Mahalla	94	317	2	3	23	385	122	450
Kafr-el-Cheik	297	2702	19	18	440	1450	3104	4583
Totaux	15383	30936	437	395	3493	15651	13725	47946
DAKAHLIEH								
Bandar-el-Mansourah	100	80	25	20	30	120	50	10
El-Simbillawin	1744	1823	10	11	171	780	239	1368
Bandar-Farescor	34	36	2	4	14	51	,,	,,
Farescor	3075	2641	65	79	135	1051	299	2495
Miniet-Samanoud	4095	4404	18	23	476	2152	690	7242
Bandar-Dakarnès	100	150	2	3	5	30	60	200
Dakarnès	3040	3045	39	59	201	1395	1441	5826
Bandar-Mit-Ghamr	140	180	5	3	16	63	186	152
Mit-Ghamr	5253	5014	45	47	753	1904	825	6335
Totaux	17581	17373	211	249	1801	7546	3790	23628

DÉNOMBREMENT DES ANIMAUX DOMESTIQUES

PAR MARKAZES, KESMS ET BANDARS.

Tableau LXVI.

Markazes, Kesms et Bandars	Bœufs et Buffles		Chevaux		Chameaux	Anes et Mulets	Moutons et Chèvres	
	Mâles	Femelles	Mâles	Femelles			Mâles	Femelles
BENI-SOUEF								
Bandar-Beni-Souef	75	325	15	10	25	150	50	200
Beni-Souef	623	1915	26	77	325	619	790	3980
Beba	428	1356	22	78	248	648	971	4556
El-Zawia	283	1406	15	67	236	543	349	3909
Totaux	1409	5002	78	232	834	1960	2160	12645
FAYOUM								
Bandar-Fayoum	100	100	10	20	50	150	7	180
Tabhar	280	805	15	26	56	659	545	4074
Sanmouris	233	807	8	18	61	779	449	7572
El-Wahât-el-Bahrich	66	242	13	5	..	" 150	63	80
Totaux	679	1954	46	69	167	1738	1064	11906
MINIA								
Bandar-el-Minia	23	75	50	10	15	121	80	30
Nawahi-el-Bandar	182	537	8	23	78	344	333	2325
Bandar-el-Fachne	100	150	15	25	15	150	40	80
El-Fachne	918	390	4	13	31	336	108	749
Mancatin	277	722	27	75	157	525	412	1748
Beni-Ibed	258	867	28	37	158	466	364	1710
El-Minia	215	707	7	25	101	366	222	1190
El-Fant	447	108	9	12	23	113	149	334
Kolosna	141	518	13	44	61	361	230	1141
Beni-Mazar	102	415	3	21	46	253	202	1501
Totaux	2665	4489	164	285	685	3045	2140	10811

DÉNOMBREMENT DES ANIMAUX DOMESTIQUES

PAR MARKAZES, KESMS ET BANDARS

Tableau LXVI.

Markazes, Kesms et Bandars	Bœufs et Buffles		Chevaux		Chameaux	Anes et Mulets	Moutons et Chèvres	
	Mâles	Femelles	Mâles	Femelles			Mâles	Femelles
ASSIOUT.								
Bandar-Assiout	150	850	22	10	200	987	122	264
Assiout	298	885	12	42	610	635	2045	4293
Beni-Rafi	89	66	6	7	110	153	229	680
Bandar-Manfalout	45	186	8	6	56	89	110	280
Manfalout	80	261	5	22	132	275	663	868
El-Wahât	61	196	3	11	...	383	37	163
Bandar-el-Roda	6	16	1	1	8	10	30	70
El-Roda	222	504	17	33	217	335	315	1476
Bandar-Mallawi	20	52	5	10	10	33	60	500
Mallawi	259	416	23	41	278	478	555	1637
Abou-Tig	210	752	14	49	563	674	1629	3751
Abnoub	346	898	40	113	540	662	1087	4436
El-Douer	255	734	10	35	364	412	1314	3425
Totaux	2041	5816	166	380	3088	5126	8196	21843
GHIRGA.								
Bandar-Ghirga	45	270	12	8	20	200	21	80
Ghirga	491	1685	33	69	502	1336	1135	4755
Bandar-Tahta	120	180	6	8	120	295	80	170
Tahta	464	1837	24	90	393	995	1169	4077
Bandar-Souhâg	50	102	3	4	24	56	100	128
Bandar-Akhmim	40	85	10	4	40	80	100	270
Souhâg	489	1658	20	60	583	765	1225	3748
Tama	228	1237	20	35	338	731	669	3844
Bardis	328	1082	23	29	540	1272	619	2697
Totaux	2255	8136	151	307	2560	5730	5118	19769

DÉNOMBREMENT DES ANIMAUX DOMESTIQUES

PAR MARKAZES, KESMS ET BANDARS

Tableau LXVI.

Markazes Kesms et Bandars	Bœufs et Buffles		Chevaux		Chameaux	Anes et Mu et.	Moutons et Chèvres	
	Mâles	Femelles	Mâles	Femelles			Mâles	Femelles
KÉNA								
Bandar-Kéna	15	25	15	...	10	50	16	28
Kéna	268	796	9	16	408	1249	602	1815
Bandar-Farchout	50	150	3	4	30	50	26	40
Farchout	820	1232	3	11	345	948	648	1848
Dachta	418	1308	15	13	637	980	589	797
Koss	367	1160	30	23	518	1927	1357	8513
Kosseir	...	...	...	...	...	...	...	...
Totaux	1933	4671	75	67	1918	5204	3238	8041
ESNA.								
Bandar-Esna	100	200	16	8	20	200	176	200
Esna	118	910	8	17	272	516	319	1491
Halfa	208	367	...	...	29	625	562	1921
Edfou	146	747	16	34	355	798	657	3151
Armante	397	510	5	2	228	409	954	3196
El-Metaana	52	293	2	8	109	380	141	1369
Nawahi-Maawenet Assouan	50	127	...	...	50	124	144	353
Totaux	1071	3154	47	69	1063	2052	2953	11681

Dans le but de donner plus d'intérêt à cette partie de la Statistique Agricole, nous avons pensé qu'il ne serait pas inopportun de dresser des états indiquant séparément les espèces des animaux ainsi que leur rapport à la surface du terrain cultivé et à la population, et montrer, en même temps, ce rapport représenté dans des cartes, à l'aide desquelles on puisse, d'un simple coup-d'œil, se former une idée exacte des comparaisons que nous avons établies.

NOMBRE DE BŒUFS

DANS CHAQUE MOUDIRIEH DE L'ÉGYPTE

Tableau LXVII.

Moudiriehs.	Par mille feddans.	Par mille habitants.
Béhéra	38, –	65, 3
Ghiseh	29, 1	22, 5
Calioubieh	70, 2	66, 2
Charkieh	41, 9	52, 5
Menoufieh	118, 7	91, 2
Gharbieh	40, –	67, 4
Dakahlieh	68, 5	65, 7
Beni-Souc	29, 2	45, 5
Fayoum	8, 9	15, 1
Minia	16,5	21, 1
Assiout	18, 2	17, –
Ghirga	29, 2	24, 8
Kéna	21, 6	21, 3
Esna	27, –	15, –
Egypte	39, 6	41, 4

NOMBRE DES BŒUFS ET BUFFLES DANS CHAQUE MOUDIRIEH.

PAR MILLE FEDDANS.

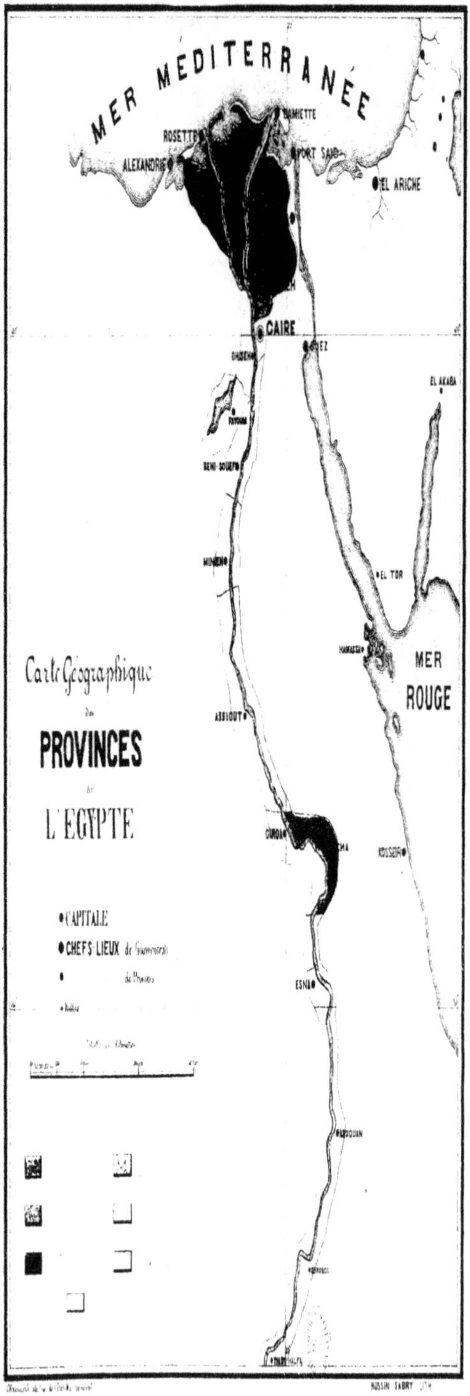

PAR MILLE HABITANTS.

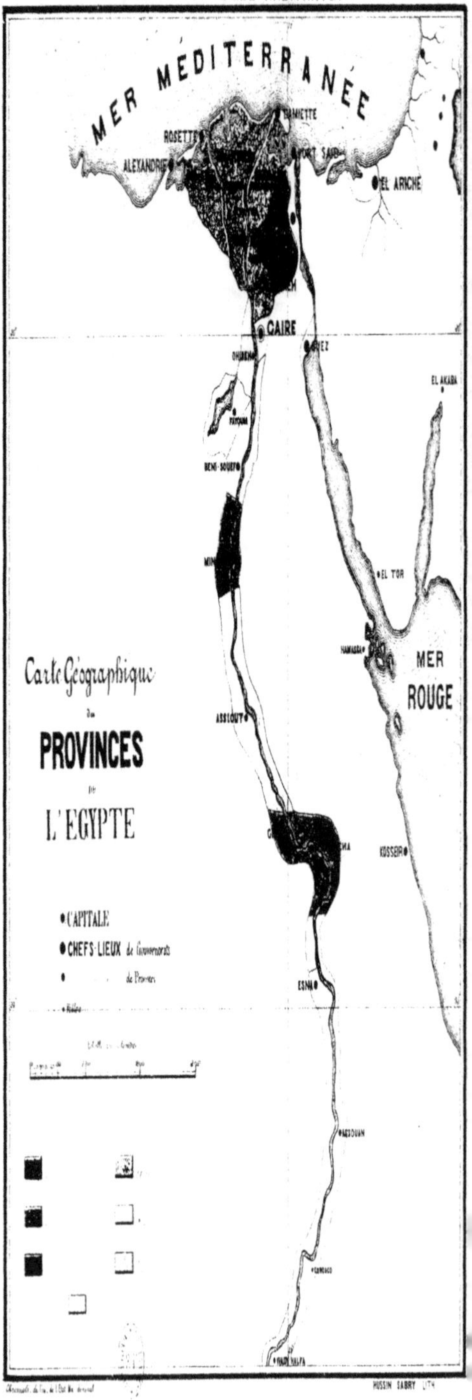

NOMBRE DES CHEVAUX DANS CHAQUE MOUDIRIEH.
PAR MILLE FEDDANS.
PAR MILLE HABITANTS. 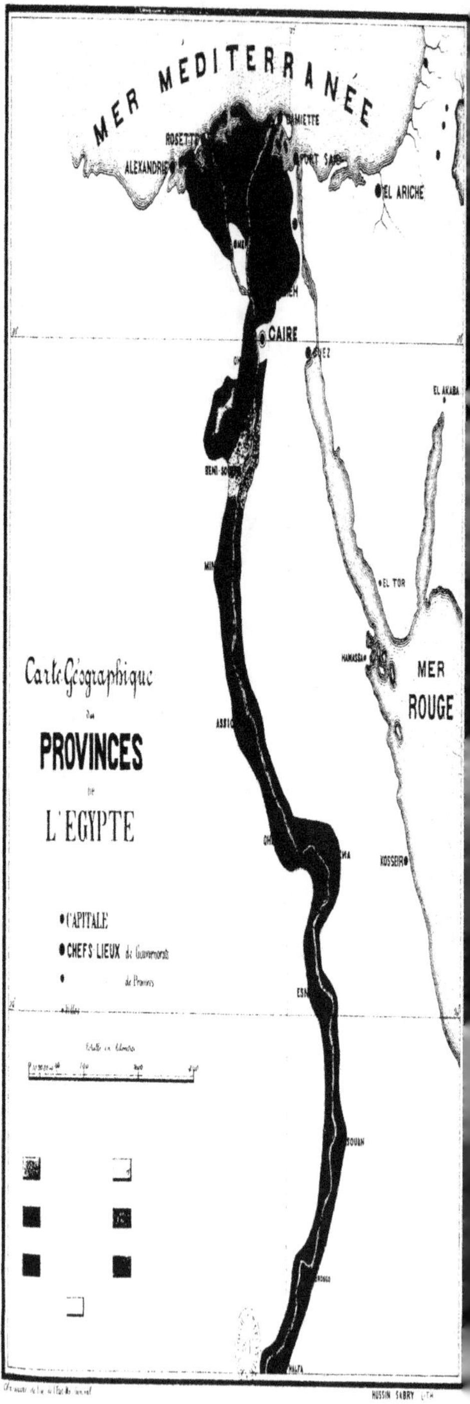
MER MÉDITERRANÉE
ROSETTE
ALEXANDRIE
DAMIETTE
PORT SAID
EL ARICHE
CAIRE
SUEZ
EL AKABA
BENI-SOUEF
MINIEH
EL TOR
HAMASSA
MER ROUGE
Carte Géographique
des
PROVINCES
DE
L'EGYPTE
CAPITALE
CHEFS LIEUX de Gouvernorat
de Provinces
Villes
ASSIOUT
GHENEH
KOSSEIR
ESNEH
ASSOUAN
KOROSKO
HALFA
Echelle en Kilomètres
HUSSIN SABRY LITH.

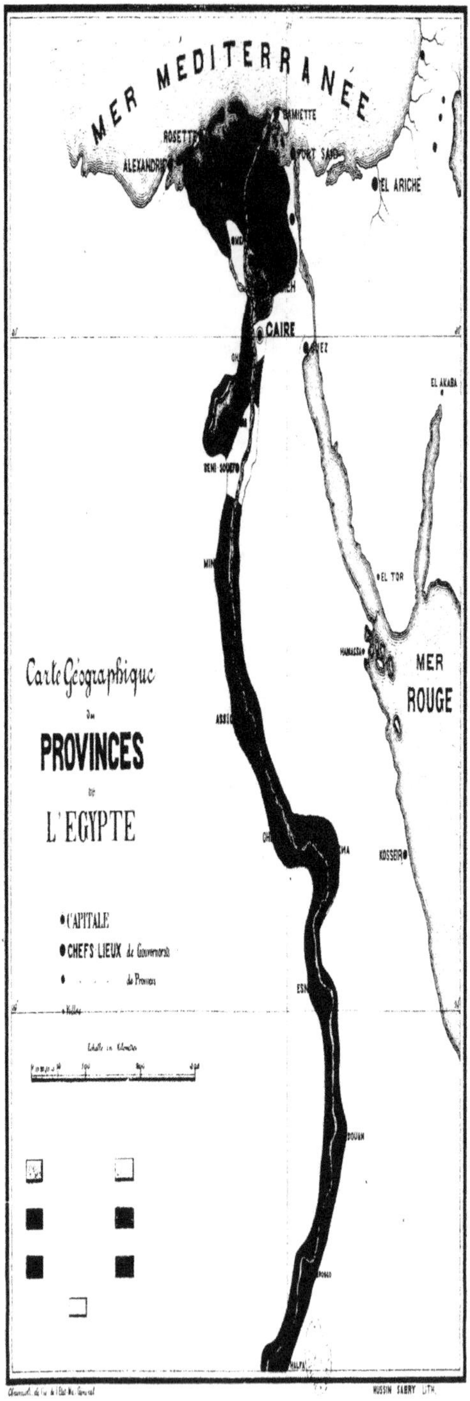

NOMBRE DE CHEVAUX

DANS CHAQUE MOUDIRIEH DE L'ÉGYPTE

Tableau LXVIII.

Moudiriehs.	Par mille feddans.	Par mille habitants.
Béhéra.	0, 8	1, 3
Ghiseh	0, 9	0, 7
Calioubieh	4, 6	4, 3
Charkieh	0, 4	0, 5
Menoufieh	0, 3	0, 2
Garbieh	0, 7	1, 2
Dakahlieh	0, 9	0, 8
Beni-Souef.	1, 4	2, 2
Fayoum.	0, 4	0, 7
Minia.	1, 0	1, 3
Assiout	1, 3	1, 2
Ghirga	1, 3	1, 1
Kéna	0, 5	0, 4
Esna	0, 7	0, 4
Egypte	1, 5	1, 6

NOMBRE DE CHAMEAUX

DANS CHAQUE MOUDIRIEH DE L'ÉGYPTE.

Tableau LXIX.

Moudiriehs	Par mille feddans.	Par mille habitants
Béhéra	2, 7	4, 6
Ghiseh	5, 1	3, 9
Calioubieh	4, 3	4, 0
Charkieh	2, 2	2, 7
Menoufieh	12, 4	9, 5
Gharbieh	3, 1	5, 1
Dakahlieh	3, 5	3, 4
Beni-Souef	3, 8	5, 9
Fayoum	0, 5	0, 9
Minia	1, 6	2, 0
Assiout	7, 2	6, 7
Ghirgha	7, 2	6, 1
Kéna	6, 3	6, 3
Esna	6, 8	3, 8
Egypte	4, 6	4, 8

NOMBRE DES CHAMEAUX DANS CHAQUE MOUDIRIEH.

PAR MILLE FEDDANS.

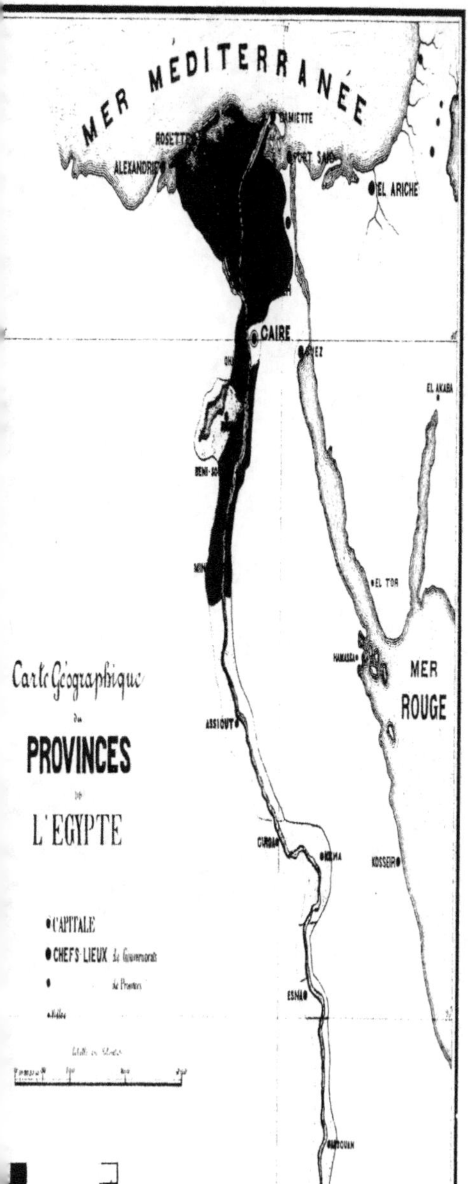

PAR MILLE HABITANTS.

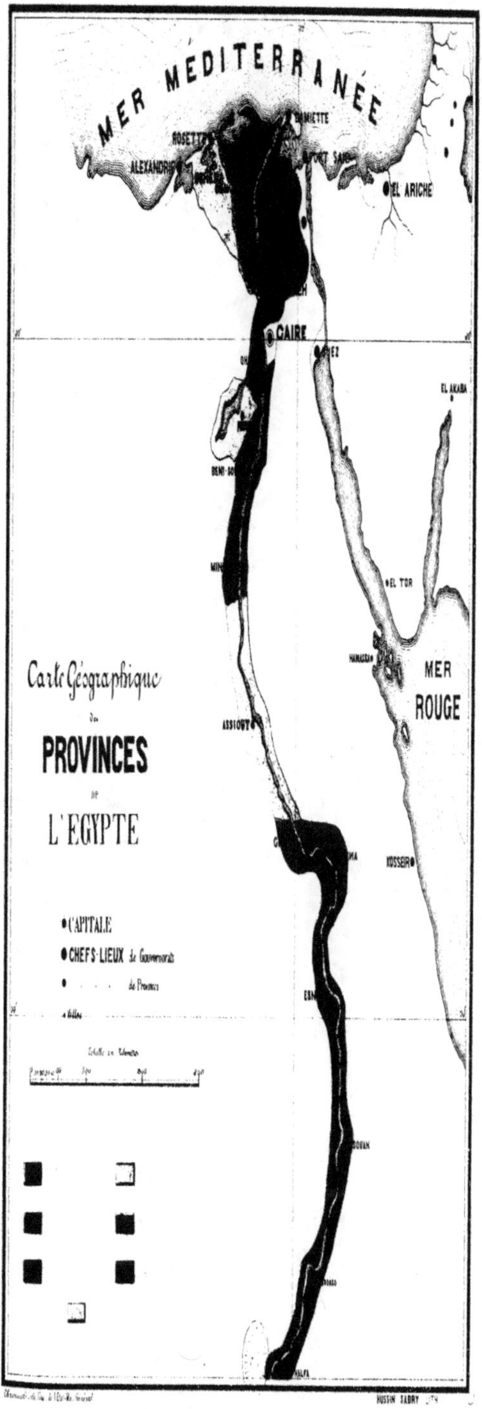

NOMBRE DES MULETS ET ANES DANS CHAQUE MOUDIRIEH.

PAR MILLE FEDDANS.

PAR MILLE HABITANTS

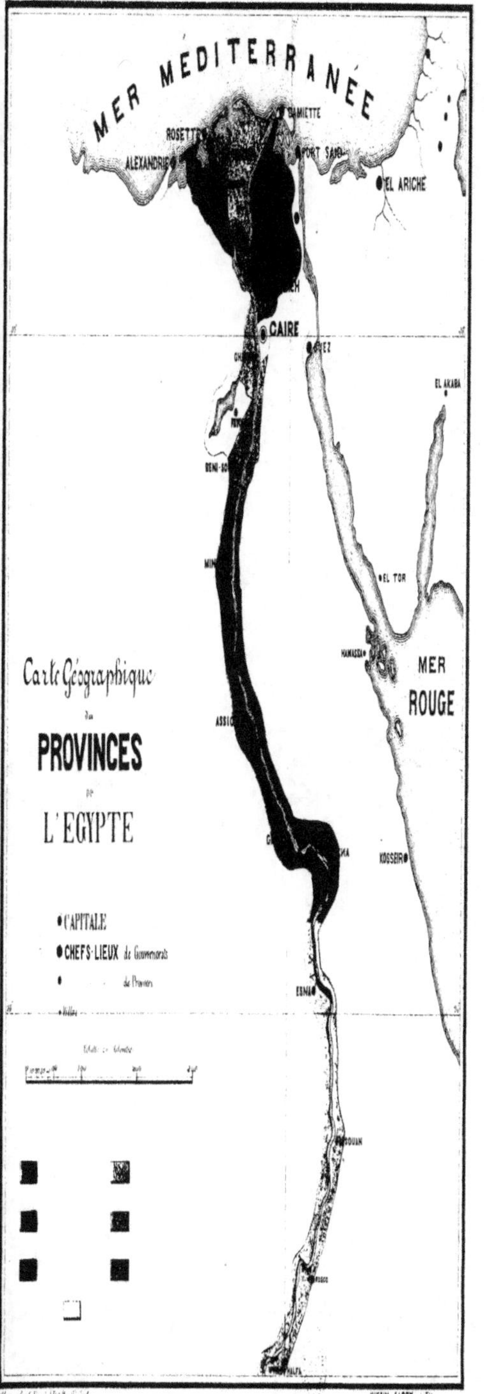

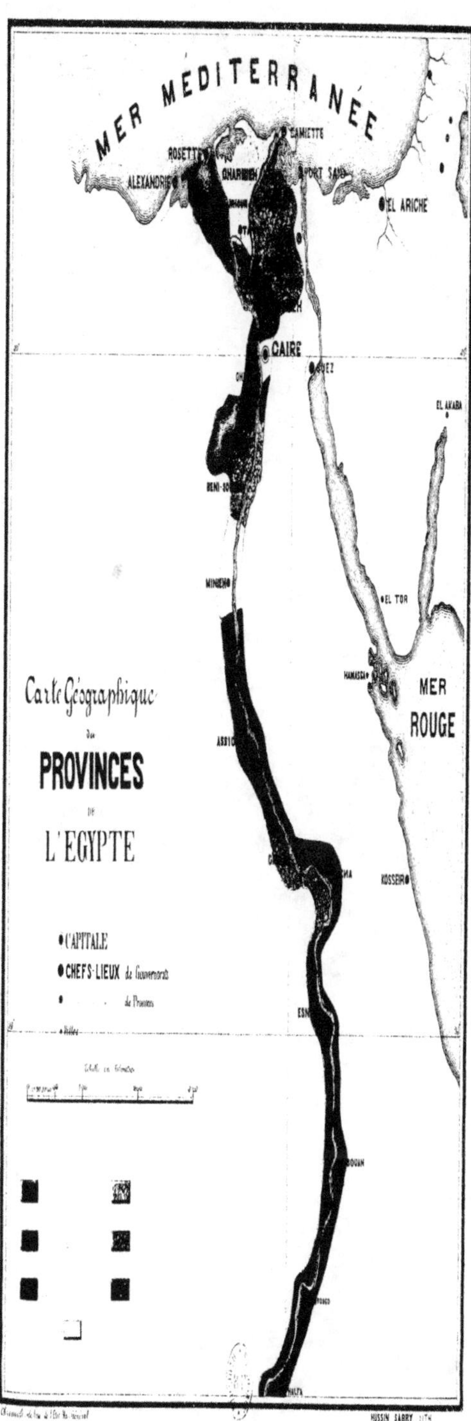

NOMBRE DES ANES ET MULETS

DANS CHAQUE MOUDIRIEH DE L'ÉGYPTE.

Tableau LXX.

Moudirieh	Par mille feddans	Par mille habitants
Béhéra.	10, 9	18, 3
Ghiseh	14, 8	11, 4
Calioubieh	17, 5	16, 5
Charkieh	10, 4	13, 1
Menoufieh	40, 8	31 , 4
Gharbieh	13, 7	23, 0
Dakahlieh	10, 9	14, 2
Beni-Souef.	9, 0	13, 9
Fayoum	5, 9	10, 0
Minia	7, 1	9, 0
Assiout.	11, 9	11, 1
Ghirga	16, 1	13, 9
Kéna.	17, 0	16, 8
Esna	19, 5	10, 8
Egypte.	15, 2	15, 9

NOMBRE DE MOUTONS ET CHÈVRES

DANS CHAQUE MOUDIRIEH DE L'ÉGYPTE

Tableau LXXI.

Moudiriehs	Par mille feddans	Par mille habitants
Béhéra	18, 1	30, 5
Ghiseh	59, 9	46, 1
Calioubieh	113, 9	107, 5
Charkieh	45, 3	56, 8
Menoufieh	97, 6	77, 0
Garbieh	54, 0	91, 8
Dakahlieh	53, 8	51, 5
Beni-Souef	67, 6	105, 1
Fayoum	41, 2	74, 7
Minia	300, 3	382, 5
Assiout	69, 8	[illegible] 5, 1
Ghirga	72, 9	5 5
Kéna	36, 8	[illegible]
Esna	74, 3	
Egypte	55, 5	

NOMBRE DES MOUTONS ET CHEVRES DANS CHAQUE MOUDIRIEH.

PAR MILLE FEDDANS.

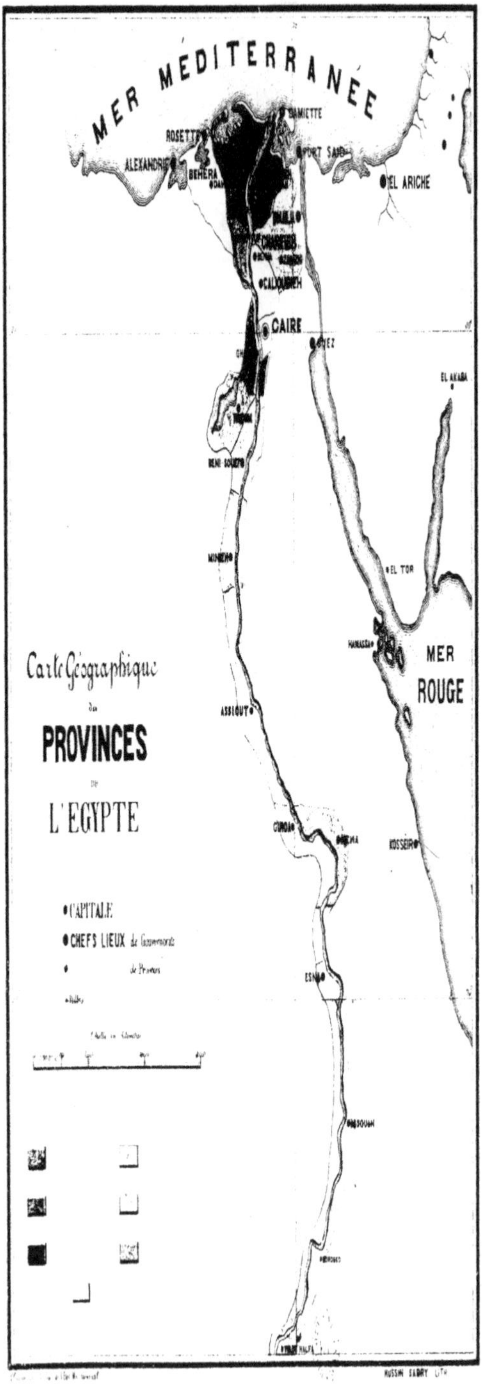

PAR MILLE HABITANTS.

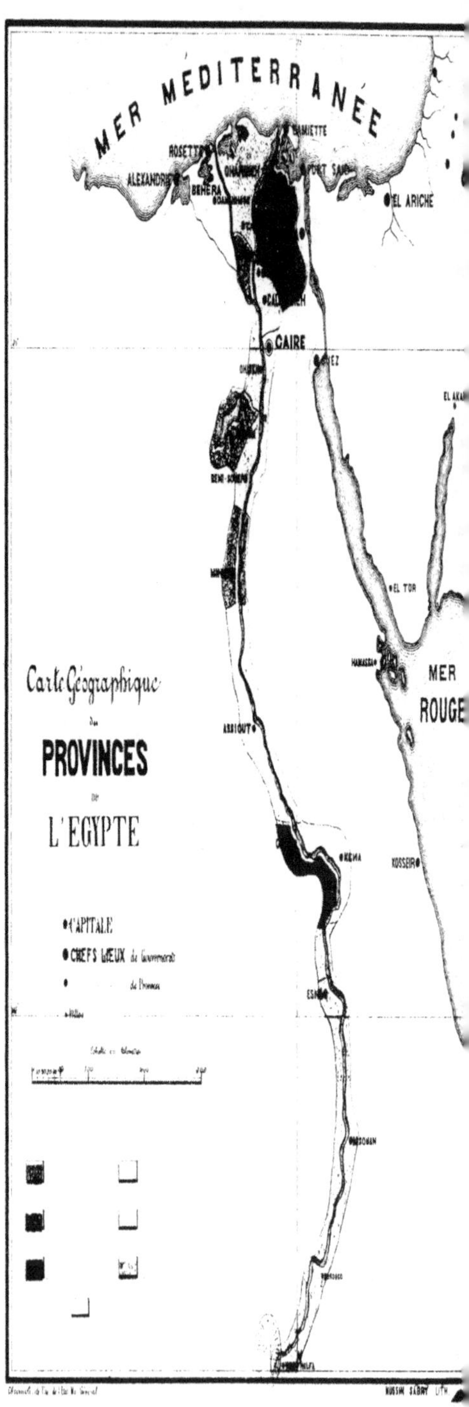

Dattiers et Arbres divers.

Au nombre des diverses occupations d'un Agriculteur quelque peu intelligent, il en est une qui n'est, certes, pas la dernière, et qui consiste à savoir doter son bien des arbres qui peuvent, avec le temps, lui apporter certains avantages ou profits, soit par les fruits qu'ils produisent, soit par la qualité de ces arbres dont le bois est recherché pour la fabrication d'outils agricoles, ou pour les constructions et les industries, soit enfin pour des besoins divers.

Il est hors de doute que l'Egypte, jadis, a dû compter beaucoup plus d'arbres qu'elle n'en a aujourd'hui. Dans des époques très-éloignées, la terre des Pharaons a été couverte sur plusieurs points de forêts ; il en est, d'ailleurs, bien resté quelque chose, et, non loin de la ville même du Caire, la forêt pétrifiée en fait foi, quoiqu'on ait interprété de diverses manières son origine. Mais ces forêts qui étaient une richesse pour le pays, et peut-être aussi un abri contre les vents du désert, sont restées un souvenir des temps anciens.

Quelques plantations ont été essayées, il y a quelques années, dans certaines provinces de l'Egypte, mais l'art forestier fit peu de progrès et notre Statistique, quoique incomplète, ne le fait que trop voir. Nous disons incomplète, parce que, pour cette première fois, nous sommes forcés, sous la rubrique tout-à-fait générique *d'arbres divers* de placer toutes les essences, exception faite de celle des dattiers que nous avons pu obtenir séparée.

Nous allons maintenant examiner la quantité de ces arbres et la proportion dans laquelle ils se trouvent répandus dans les quatorze provinces de l'Egypte.

RÉPARTITION DES DATTIERS ET ARBRES
DANS CHAQUE MOUDIRIEH

Tableau LXXII

Moudiriehs	Nombre des Dattiers	Nombre des arbres div.
Béhéra	55969	15696
Ghiseh	374917	11421
Calioubieh	95728	91436
Charkieh	426719	145427
Menoufieh	21439	79263
Gharbieh	212521	170421
Dakahlieh	107869	107537
Beni-Souef	72178	1935
Fayoum	398753	43452
Minia	180582	38995
Assiout	526950	30184
Ghirga	451009	12285
Kéna	559513	13979
Esna	757427	33815
Gouvernorats	238318	349202
Totaux	4479901	1145048

Voyons à présent comment ces arbres sont répartis dans les Markazes, Kesms et Bandars.

DÉNOMBREMENT DES DATTIERS ET ARBRES

PAR MARKAZES, KESMS ET BANDARS

Tableau LXXIII.

MARKAZES, KESMS ET BANDARS	Dattiers.	Arbres divers.
BÉHÉRA		
El-Delengat	1329	2811
Choubrakbit	3227	2876
El-Neguela	2518	2576
El-Atf	46862	4347
Abou-Hommos (Damanhour)	2033	3086
Com-el-Akdar	,,	,,
Totaux	55969	15696
GHISEH.		
Bandar-el-Ghiseh	3195	1359
Kesm-Awal	91604	7891
Kesm-Tani	250717	648
Kesm-Atfih	29401	1523
Totaux	374917	11421
CALIOUBIEH		
Bandar-Benha	2	,,
Markaze-Toukh	7792	10124
Bandar-Calioub	1377	225
Cheflik-Abou-el-Ghet	100	410
Markaze-Calioub	8004	21146
Markaze-Choubra	78400	59396
Cheflik-Caha	53	135
Totaux	95728	91436

DÉNOMBREMENT DES DATTIERS ET ARBRES

PAR MARKAZES, KESMS ET BANDARS

Tableau LXXIII.

MARKAZES, KESMS & BANDARS	Dattiers	Arbres divers.
CHARKIEH		
Bandar-el-Zagazig	130	629
Minet-el-Camhe	21577	32281
Bilbeis	84323	73292
El-Arin	169897	5420
El-Canaïat	19862	23418
El-Sawaleh	130930	10387
Totaux	426719	145427
MENOUFIEH		
Bandar Chibin-el-Com	41	1500
Tala	5564	8404
Soubk	2185	12707
Bandar-Menouf	124	6000
Menouf	6473	30254
Melig	1617	16824
Achmoun	5435	3574
Totaux	21439	79263

DÉNOMBREMENT DES ARBRES ET DATTIERS

PAR MARKAZES, KESMS ET BANDARS

Tableau LXXIII.

MARKAZES, KESMS & BANDARS	Dattiers	Arbres divers.
GHARBIEH		
Bandar-Tanta	215	12520
Bandar-Samanoud	40	1805
Bandar-el-Borollos	121971	1350
Samanoud	2411	15929
Bandar-Kafr-el-Zayat	60	400
Kafr-el-Zayat	3650	3540
Bandar-Zifta	14	200
Zifta	1612	23229
El-Gaafaria	1263	8984
Bandar-Dessouk	161	500
Bandar-Foua	332	800
Dessouk	55268	4907
Mahallet-Menouf	6804	11693
Chirbin	10613	65597
Bandar-el-Mahalla	2964	1525
Kafr-el-Cheik	5143	17442
Totaux	212521	170421

DÉNOMBREMENT DES ARBRES & DATTIERS

PAR MARKAZES, KESMS ET BANDARS.

Tableau LXXIII.

MARKAZES, KESMS & BANDARS	Dattiers	Arbres divers
DAKAHLIEH		
Bandar-el-Mansourah	10	50
El-Simbillawin	2701	15126
Bandar-Fareskor	....	1501
Fareskor	77762	9953
Miniet-Samanoud	1177	16893
Bandar-Dakarnes	4	200
Dakarnes	7255	17863
Bandar-Mit–Ghamr	154	317
Mit-Ghamr	18806	45614
Totaux	107869	107537
BENI-SOUEF		
Bandar-Beni-Souef	300	1000
Beni-Souef	35545	160
Beba	19738	573
El-Zawia	16595	202
Totaux	72178	1935
FAYOUM		
Bandar-el-Fayoum	2576	1500
Tabhar	176241	25930
Sannouris	135970	4872
El-Wahat-el-Bahrieh	85966	11150
Totaux	398753	43452

DÉNOMBREMENT DES ARBRES ET DATTIERS

PAR MARKAZES, KESMS ET BANDARS.

Tableau LXXIII.

MARKAZES, KESMS & BANDARS	Dattiers	Arbres divers
MINIA		
Bandar-el-Minia	709	600
Nawahi-el-Bandar	34482	24654
Bandar-el-Fachne	1549	500
El-Fachne	9587	672
Mancatin	13560	769
Beni-Ibeb	37488	608
El-Minia	31975	346
El-Fant	2814	9641
Kolosna	20324	1095
Beni-Mazar	28103	110
Totaux	180582	38995
ASSIOUT		
Bandar-Assiout	5729	3416
Assiout	50711	2089
Beni-Rafi	21623	341
Bandar-Manfalout	595	1437
Manfalout	39881	990
El-Wahât	180532	19761
Bandar el Roda	1000	20
El-Roda	50879	189
Bandar-Mallawi	914	400
Mallawi	47787	742
Abou-Tig	24328	583
Abnoub	66424	60
El-Douer	36556	156
Totaux	526959	30184

DÉNOMBREMENT DES ARBRES ET DATTIERS

PAR MARKAZES, KESMS ET BANDARS

Tableau LXXIII.

MARKAZES, KESMS & BANDARS	Dattiers	Arbres divers
GHIRGA		
Bandar Ghirga	1674	1020
Ghirga	79768	1709
Bandar-Tahta	2918	1450
Tahta	90143	1095
Bandar-Souhâg	2035	54
Bandar-Akhmin	9155	4320
Souhâg	63070	1314
Tama	101653	421
Bardis	95584	902
Totaux	451009	12285
KÉNA		
Bandar-Kéna	8450	100
Kéna	90892	2035
Bandar-Farchout	5089	250
Farchout	185011	1851
Dachta	134050	3957
Kosa	136021	4886
Kosseir	....	....
Totaux	559513	13079
ESNA		
Bandar-Esna	6719	900
Esna	31571	2050
Halfa	464673	3215
Edfou	174626	1335
Armante	23866	22435
El-Metaana	9302	2080
Mawahi Naawen et Assouan	46670	1800
Totaux	757427	33315
Total général	4479901	1147048

Les cartes que nous faisons suivre serviront, comme pour les animaux domestiques, à faire connaître, par la diversité des couleurs, la quantité des arbres par rapport à la superficie et à la population.

NOMBRE DE DATTIERS

DANS CHAQUE MOUDIRIEH DE L'ÉGYPTE

Tableau LXXIV.

MOUDIRIEHS	Par mille feddans	Par mille habitants
Béhéra	139, 4	234, 5
Ghiseh	1449, 8	1388, 2
Calioubieh	494, 0	466, 1
Charkieh	821, 3	1029, 5
Menoufieh	57, 5	44, 2
Gharbieh	185, 8	313, 2
Dakahlieh	211, 5	202, 7
Beni-Souef	329, 4	512, 4
Fayoum	1358, 9	2296, 4
Minia	418, 7	533, 2
Assiout	1224, 9	1141, 4
Ghirga	1270, 1	1079, 3
Kéna	1828, 8	1803, 3
Esna	4821, 1	2689, 7
Égypte	777, 7	813, 0

NOMBRE DES DATTIERS DANS CHAQUE MOUDIRIEH.

PAR MILLE FEDDANS.

PAR MILLE HABITANTS.

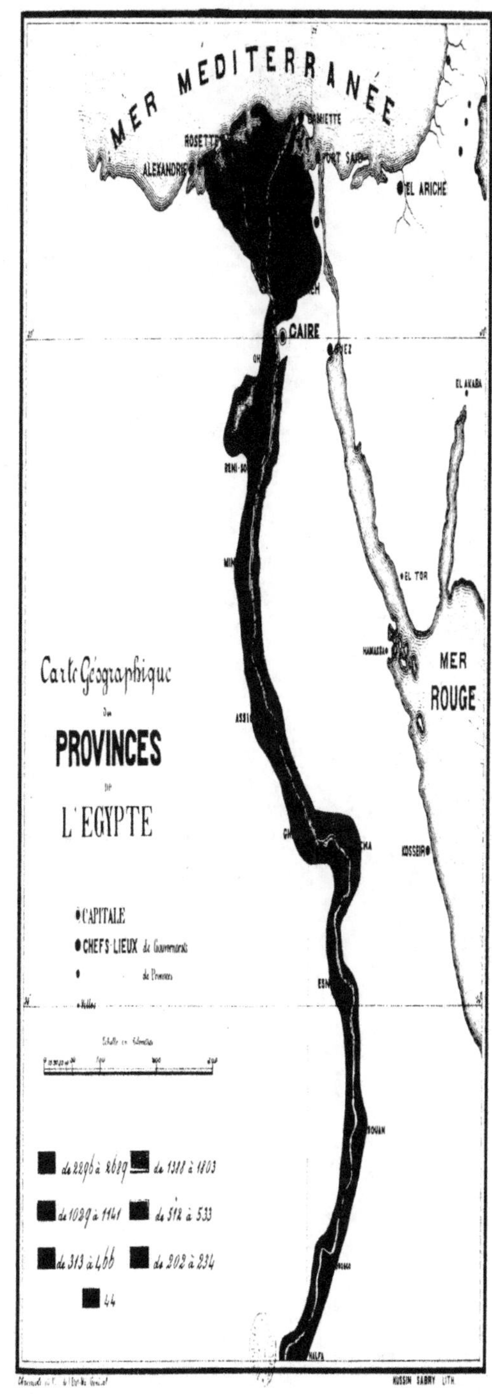

NOMBRE DES ARBRES DANS CHAQUE MOUDIRIEH.

<table>
<tr><td>PAR MILLE FEDDANS.</td><td>PAR MILLE HABITANTS.</td></tr>
</table>

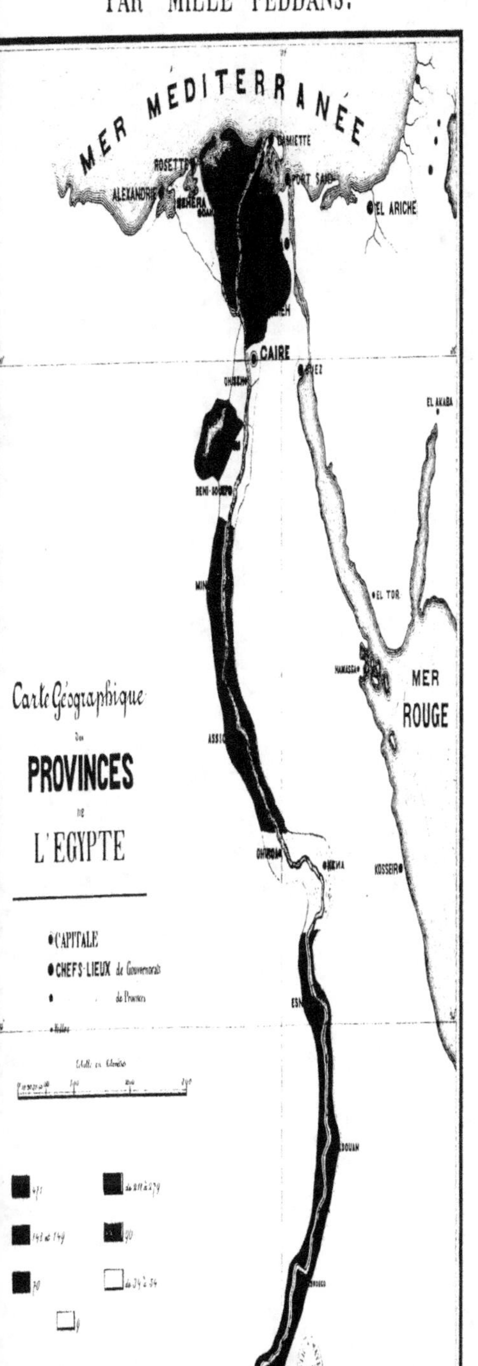

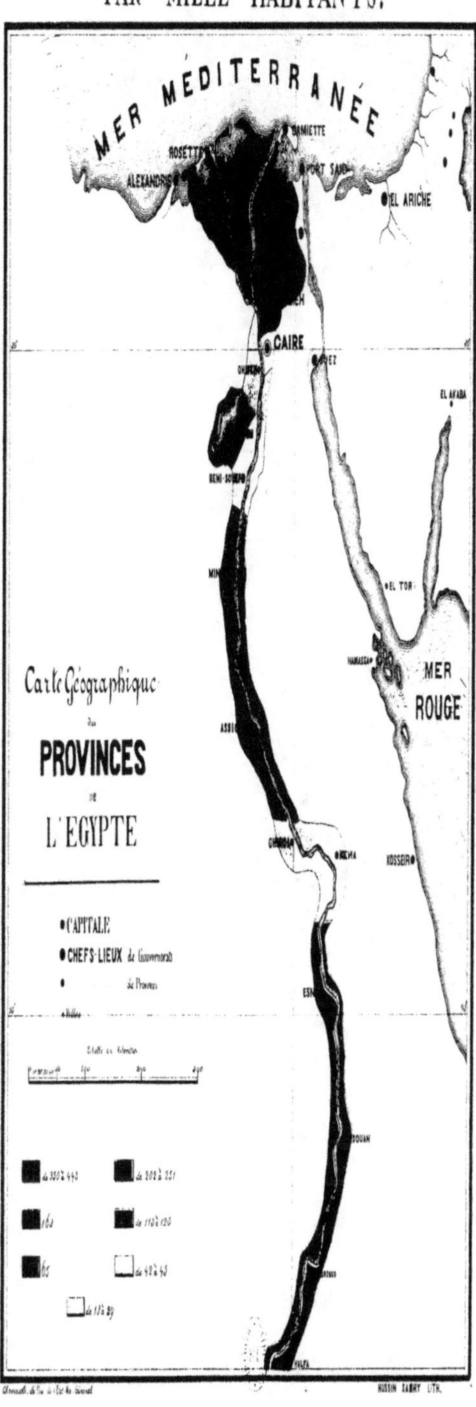

NOMBRE DES ARBRES DIVERS

DANS CHAQUE MOUDIRIEH DE L'ÉGYPTE

Tableau LXXV.

MOUDIRIEHS	Par mille feddans	Par mille habitants
Béhéra	39.1	65.7
Ghiseh	54.9	42.2
Calioubieh	471.8	445.2
Charkieh	279.9	350.8
Menoufieh	211.1	163.5
Gharbieh	149.1	250.9
Dakahlieh	210.3	202.1
Beni-Souef	329.4	512.1
Fayoum	148.0	250.1
Minia	90.4	115.1
Assiout	72.6	65.3
Ghirga	34.6	29.4
Kéna	45.6	45.0
Esna	216.1	120.0
Égypte	198.7	2077.

FIN DU PREMIER VOLUME.

TABLE DES MATIÈRES

FIN DE LA TABLE.

ERRATA

Page	Ligne / N°	Tab.	Indication	Au lieu de (1878)	Lire (1877)
7	Ligne 16me			Au lieu de	1878 Lire / 1877
	Note (¹)		En regard de Béhéra	191665	191663
			,, ,, Gharbieh	572817	579877
15	Tab.	VII	Ligne 1re Col. 2me	56480	56481
21			,, 11 ,, 6me	40	46
			,, 12 ,,	46	40
30			,, 1 ,,	41652	41651
37			,, 5 du texte	que de 1872	que de 1873
48		XXIII	Grande-Bretagne colonne des Exportations année 1877	90466728	905646728
51		XXVI	A la dernière colonne en regard de Damiette	16756084	16757084
52		XXVII	Total de l'année 1874	507054155	507054155
		XXVIII	Ligne 5 Col. 4	8898581	8898481
			,, 7 ,, ,,	1256128682	1356128582
53		XXIX	,, 8 ,, ,,	29991752	29997152
		XXX	,, 3 ,, 1	141940742	111019742
			,, 11 ,,	233680601	233689601
			,, 1 ,, 2	151431541	154431641
			,, 2 ,,	148271625	148271828
			,, 5 ,, 3	34710167	34710467
			,, 10 ,, ,,	892412218	892412218
			,, 12 ,,	279633778	279632778
			,, 11 ,, 5	201462050	201472050
61		XXXIV	année 1874 Ligne 5 col. 2	84684	48684
64		XXXV	Port d'Alexie an. 1874 Ligne 3 col 6	1877140	1867140
68			Rade de Damte ,, 1877 ,, 3 ,, 2	20399	20609
69			,, 1874 ,, 3 ,, dernière	152519	162819
70			Port el-Wiche ,, 1876 ,, 1 ,, 6	13921	13291
70			,, Massawa ,, 1875 ,, 2 ,, 10	24610	24110
75			En tête	Port de Gab-el-Tour	Rade de Gab-el-Tour
76				271	209
78		XXXVI	Suez Ligne 2 col. 5	155521	155520
79		XXXVII	En regard de Damiette ,, 4	95925	95725
84		XXXIX	Ligne 5 col. 5		
104			Ligne d'Alexandrie au Caire, (entre Birket-el-Sab et Touh)		Benha
111			Ligne 1re du texte à la fin de la page	Francs	P. T.
111			Ligne 2me	tandis qu'elles tadis	que les
117		LV	Charkieh ligne dernière col. dernière	414479 Lire	414470
120			Menoufieh 3 ,, 5	51153	51183
			Ghirga 9 ,, 1	1222	1252
			Kéna 1 ,, 2	71849	1849
			Esna 3 ,, 2	1070	1076
121			Population en regard de Menoufieh	434550	434550
123		LVII	En tête	Enombrement	Dénombrent
124			Béhéra total col. 1re	217446	217466
126			Gharbieh (suite) ligne 7 col. 1	54594	54593
			Dakahlieh ,, 8 2	129	29
143		LXVI	Charkieh ,, 4 1	736	936
			Menoufieh ,, 6 7	917	919
160		LXXIII	Ghirga ,, 7 1	63079	68079
163		LXXV	Nombre de Dattiers 4 2	350,8	250,8